Pawel Kazibudzki
Aneta Kazibudzka

# Matematyka dla dociekliwych

Pawel Kazibudzki
Aneta Kazibudzka

# Matematyka dla dociekliwych

## Repetytorium

Wydawnictwo Bezkresy Wiedzy

**Imprint**



Cover image: www.ingimage.com

Publisher:
Wydawnictwo Bezkresy Wiedzy
is a trademark of
International Book Market Service Ltd., member of OmniScriptum Publishing Group
17 Meldrum Street, Beau Bassin 71504, Mauritius

Printed at: see last page
**ISBN: 978-620-0-81109-7**

# OD AUTORÓW

Zmian podstawy programowej z matematyki w szkole średniej było w ostatnich latach wiele. Każda kolejna zmniejszała zakres realizowanego w szkole materiału. Co jednak z tymi z Was, którzy chcieliby kontynuować naukę na uczelni? Co z Tymi, którym marzą się kierunki politechniczne? Wszak wykładowcy akademiccy nie zmieniają wymagań w stosunku do swoich studentów wraz ze zmianami „szkolnymi". Potrzebne jest zatem vademecum, które wskaże potencjalne braki i pomoże je uzupełnić.

Najważniejsze jednak, że praca ta to nie tylko podręcznik idący jedynie krok w krok z podstawą programową. Nie jest ona też kompletną encyklopedią matematyczną. Stanowi natomiast kompendium wiedzy niezbędnej dla każdego maturzysty, poszerzone o zagadnienia z zakresu „starej" matury, co ułatwi Wam stawianie pierwszych kroków na uczelni. Dzięki niej szybko i solidnie opanujecie materiał wymagany podczas codziennych zajęć z matematyki i jednocześnie uzupełnicie swoją wiedzę o ten materiał, którego dziś już nie ma w podstawie programowej, a który wciąż jest niezbędny na starcie po indeks.

Intencja nasza w trakcie pisania tego podręcznika była prosta: upewnić wszystkich maturzystów, że samodzielnie potrafią rozwiązać każdy matematyczny problem, jaki zostanie przed nimi postawiony. W tym celu umieściliśmy wiele przykładów ilustrujących poszczególne tematy, a także zadania do rozwiązania wraz z ich wynikami lub wskazówkami. Życzymy sukcesów i trzymamy kciuki - powodzenia!

AUTORZY

# *1. ELEMENTY LOGIKI MATEMATYCZNEJ*

## *1.1 WPROWADZENIE*

W logice[1] matematycznej zdaniami nazywamy zdania orzekające, z których każde jest albo prawdziwe (wartość logiczna 1) albo fałszywe (wartość logiczna 0).

**Przykład:**

Rio De Janeiro jest miastem. {1}

3=5 {0}

Liczba " 7 " jest liczbą magiczną. (?) - nie potrafimy ocenić wartości logicznej tego zdania.

## *1.2 KONIUNKCJA ZDAŃ*

**Koniunkcją (iloczynem logicznym) zdania $p$ i zdania $q$ nazywamy zdanie postaci $p \wedge q$ (czytamy „p i q").**

- **WARTOŚĆ LOGICZNA KONIUNKCJI**

*(tzn. przy jakich wartościach logicznych zdań składowych ich koniunkcja jest prawdziwa albo fałszywa)*

| $p$ | $q$ | $p \wedge q$ |
|---|---|---|
| *1* | *1* | *1* |
| *1* | *0* | *0* |
| *0* | *1* | *0* |
| *0* | *0* | *0* |

Koniunkcja dwóch zdań jest tylko wtedy prawdziwa, kiedy oba zdania są prawdziwe.

Omówmy to na przykładach.

[1] Logika - dyscyplina naukowa zajmująca się regułami poprawnego myślenia i wnioskowania (według Słownika Języka Polskiego PWN).

**Przykład:**

$$\underbrace{\underbrace{(2=3)}_{0}\wedge\underbrace{(5>7)}_{0}}_{0}$$

Koniunkcja dwóch fałszywych zdań jest również zdaniem fałszywym.

$$\underbrace{\underbrace{(2=2)}_{1}\wedge\underbrace{(\sin 30^{o}=0{,}5)}_{1}}_{1}$$

Koniunkcja dwóch zdań prawdziwych jest zdaniem prawdziwym.

## *1.3 ALTERNATYWA ZDAŃ*

**Alternatywą (sumą logiczną) zdania $p$ oraz zdania $q$ nazywamy zdanie postaci $p \vee q$ (czytamy „p lub q").**

- **WARTOŚĆ LOGICZNA ALTERNATYWY**

| *p* | *q* | $p \vee q$ |
|---|---|---|
| *1* | *1* | *1* |
| *1* | *0* | *1* |
| *0* | *1* | *1* |
| *0* | *0* | *0* |

Alternatywa jest prawdziwa wtedy, gdy przynajmniej jedno zdanie jest prawdziwe.

**Przykład:**

$$\underbrace{\underbrace{(2=3)}_{0}\vee\underbrace{(7>5)}_{1}}_{1}$$

$$\underbrace{\underbrace{\text{Mam kanarka.}}_{1}\ \text{lub}\ \underbrace{\text{Nie mam kanarka.}}_{0}}_{1}$$

## *1.4 ALTERNATYWA WYKLUCZAJĄCA*

**Alternatywą wykluczającą zdania $p$ oraz zdania $q$ nazywamy zdanie postaci $p \forall q$ (czytamy „p albo q").**

- **WARTOŚĆ LOGICZNA ALTERNATYWY WYKLUCZAJĄCEJ**

| *p* | *Q* | $p \forall q$ |
|---|---|---|
| *1* | *1* | *0* |
| *1* | *0* | *1* |
| *0* | *1* | *1* |
| *0* | *0* | *0* |

Alternatywa wykluczająca jest prawdziwa tylko wtedy, gdy dokładnie jedno zdanie jest prawdziwe.

**Przykład:**

$$\underbrace{\underbrace{(3 \cdot 3 = 9)}_{1} \forall \underbrace{(3 \cdot 3 = 6)}_{0}}_{1}$$

## *1.5 IMPLIKACJA ZDAŃ*

**Implikacją zdań $p$ oraz $q$ nazywamy zdanie postaci $p \Rightarrow q$ (czytamy „jeżeli p to q"), przy czym $p$ jest poprzednikiem implikacji, zaś $q$ – następnikiem implikacji.**

- **WARTOŚĆ LOGICZNA IMPLIKACJI**

| *p* | *Q* | $p \Rightarrow q$ |
|---|---|---|
| *1* | *1* | *1* |
| *1* | *0* | *0* |
| *0* | *1* | *1* |
| *0* | *0* | *1* |

Implikacja jest tylko wtedy fałszywa, gdy z prawdy wynika fałsz.

**Przykład:**

$$\underbrace{\underbrace{(12=21)}_{0}\Rightarrow\underbrace{(3>30)}_{0}}_{1}$$

## *1.6 RÓWNOWAŻNOŚĆ ZDAŃ*

**Równoważnością zdań *p* oraz *q* nazywamy zdanie postaci $p \Leftrightarrow q$ (czytamy „p wtedy i tylko wtedy, gdy q" lub „p jest równoważne q").**

- **WARTOŚĆ LOGICZNA RÓWNOWAŻNOŚCI**

| *p* | *q* | $p \Leftrightarrow q$ |
|---|---|---|
| *1* | *1* | *1* |
| *1* | *0* | *0* |
| *0* | *1* | *0* |
| *0* | *0* | *1* |

Równoważność jest tylko wtedy prawdziwa, gdy oba zdania mają tą samą ocenę logiczną.

**Przykład:**

$$\underbrace{\underbrace{\text{Liczba jest parzysta}}_{1}\ \text{wtedy i tylko wtedy gdy}\ \underbrace{\text{jest podzielna przez dwa}}_{1}}_{1}$$

Uwaga:
Równoważność jest koniunkcją dwóch wzajemnie odwrotnych implikacji .

## *1.7 NEGACJA ZDANIA*

**Zdanie postaci *~p* nazywamy negacją (zaprzeczeniem) zdania *p* (czytamy „nieprawda, że p").**

- **WARTOŚĆ LOGICZNA NEGACJI**

| *p* | *~p* |
|---|---|
| *1* | *0* |
| *0* | *1* |

## *1.8 ZESTAWIENIE WARTOŚCI LOGICZNYCH ZDAŃ ZŁOŻONYCH*

Zapamiętaj:

| $p$ | $Q$ | $p \vee q$ | $p \forall q$ | $p \wedge q$ | $p \Rightarrow q$ | $p \Leftrightarrow q$ | $\sim p$ |
|---|---|---|---|---|---|---|---|
| 1 | 1 | 1 | 0 | 1 | 1 | 1 | 0 |
| 1 | 0 | 1 | 1 | 0 | 0 | 0 | 0 |
| 0 | 1 | 1 | 1 | 0 | 1 | 0 | 1 |
| 0 | 0 | 0 | 0 | 0 | 1 | 1 | 1 |

## *1.9 PRAWA LOGIKI*

W rachunku zdań bardzo ważną rolę odgrywają takie wyrażenia, z których zawsze otrzymujemy zdania prawdziwe, niezależnie od wartości logicznych zdań składowych. Są to tzw. tautologie (prawa) rachunku zdań. Oto kilka z nich:

### 1.9.1 PRAWA DE MORGANA

#### 1.9.1.1 PRAWO ZAPRZECZENIA ALTERNATYWY

$$\sim(p \vee q) \Leftrightarrow [(\sim p) \wedge (\sim q)]$$

Zaprzeczenie alternatywy równoważne jest koniunkcji zaprzeczeń.

#### 1.9.1.2 PRAWO ZAPRZECZENIA KONIUNKCJI

$$\sim(p \wedge q) \Leftrightarrow [(\sim p) \vee (\sim q)]$$

Zaprzeczenie koniunkcji równoważne jest alternatywie zaprzeczeń.

**Przykład:**

$[\sim(2 \neq 3 \vee 3 < 5)] \Leftrightarrow [\sim(2 \neq 3) \wedge \sim(3<5)]$

Zaprzeczenie alternatywy dwóch zdań jest równoważne koniunkcji zaprzeczeń tych zdań. Po przekształceniu zdań objętych zaprzeczeniami, otrzymamy ostatecznie:

$$[\sim(2 \neq 3 \vee 3 < 5)] \Leftrightarrow [\sim(2 \neq 3) \wedge \sim(3<5)] \Leftrightarrow [(2=3) \wedge (3 \geq 5)]$$

A oto przykładowy dowód pierwszego z praw De Morgana – prawa zaprzeczenia alternatywy:

| | | | | | (A) | (B) | |
|---|---|---|---|---|---|---|---|
| $p$ | $q$ | $\sim p$ | $\sim q$ | $p \vee q$ | $\sim(p \vee q)$ | $(\sim p) \wedge (\sim q)$ | $A \Leftrightarrow B$ |
| 1 | 1 | 0 | 0 | 1 | 0 | 0 | 1 |
| 1 | 0 | 0 | 1 | 1 | 0 | 0 | 1 |
| 0 | 1 | 1 | 0 | 1 | 0 | 0 | 1 |
| 0 | 0 | 1 | 1 | 0 | 1 | 1 | 1 |

W pierwszych dwóch kolumnach wprowadzamy wszystkie możliwe kombinacje wartości logicznych zdań p i q, w dwóch kolejnych – ich zaprzeczenia. Kolumna piąta to wartości alternatywy tych zdań. Kolumna szósta (A) to lewa strona prawa De Morgana, zaś siódma (B) – to prawa strona. Ostatnia kolumna wykazuje równoważność między kolumnami A i B. Dowiedliśmy zatem, że zdanie opisane badanym prawem jest prawdziwe bez względu na to, jakie wartości logiczne przyjmują zdania składowe.

### 1.9.2 PRAWO ZAPRZECZENIA IMPLIKACJI

$$\sim (p \Rightarrow q) \Leftrightarrow [p \wedge (\sim q)]$$

### 1.9.3 PRAWO PODWÓJNEGO PRZECZENIA

$$\sim (\sim p) \Leftrightarrow p$$

## *1.10 ZADANIA DO SAMODZIELNEGO ROZWIĄZANIA*

**Zadanie 1**

Sprawdź, czy podane wyrażenia są prawdziwe:

a. $p \vee [(\sim p \wedge q) \vee (\sim p \wedge \sim q)]$,

b. $[(p \rightarrow q) \wedge (q \rightarrow p)] \rightarrow (p \vee q)$.

**Zadanie 2**

Sprawdź, czy podane wyrażenia są tautologiami:

a. $[(q \leftarrow p) \wedge (r \vee \sim q)] \rightarrow (p \rightarrow r)$,

b. $[(\sim p \wedge q) \vee (p \vee \sim q)] \rightarrow \{[p \rightarrow (q \vee r)] \rightarrow (p \rightarrow r)\}$,

c. $[(p \rightarrow q) \wedge (q \rightarrow r)] \rightarrow (p \vee r)$.

**Zadanie 3**

Udowodnij, że podane wyrażenia są tautologiami:

a. $[(p \rightarrow q) \wedge (r \rightarrow s)] \rightarrow [(p \wedge s) \rightarrow (q \vee r)]$,

b. $[(p \rightarrow q) \wedge (r \rightarrow s) \wedge (t \rightarrow u)] \rightarrow [(p \wedge r \wedge t) \rightarrow (q \wedge s \wedge u)]$.

NOTATKI

..........................................................................................................

..........................................................................................................

..........................................................................................................

..........................................................................................................

..........................................................................................................

..........................................................................................................

# 2. PODSTAWY TEORII MNOGOŚCI

## 2.1 POJĘCIE I PRZYKŁADY ZBIORÓW

Zbiór jest pojęciem pierwotnym to znaczy takim, którego się nie definiuje. W matematyce znamy jeszcze inne pojęcia pierwotne: punkt, prosta, płaszczyzna.

Zbiory oznaczamy wielkimi literami, zaś ich elementy – małymi.

**Przykład:**
A - zbiór dzielników naturalnych liczby 6

A = {1,2,3,6}, $\overline{\overline{A}} = 4$ (tak oznaczamy moc zbioru, tzn. ilość elementów wchodzących w jego skład).

C - zbiór słoni na księżycu
C = $\varnothing$, $\overline{\overline{A}} = 0$.

## 2.2 DZIAŁANIA NA ZBIORACH

### 2.2.1 RELACJA PRZYNALEŻNOŚCI

Mówimy, że element określonego zbioru należy do tegoż zbioru wtedy, gdy jest jednym z elementów wchodzących w skład tegoż zbioru. Zapisujemy to $e \in \Omega$.
gdzie: e - element zbioru
$\in$ - relacja przynależności
$\Omega$ - zbiór

### 2.2.2 ZAWIERANIE SIĘ ZBIORÓW

Mówimy, że podzbiór A zawiera się w zbiorze B wtedy, gdy każdy element podzbioru A jest także elementem zbioru B. Zapisujemy to matematycznie $A \subset B$.

### 2.2.3 ILOCZYN ZBIORÓW (CZĘŚĆ WSPÓLNA)

Iloczynem zbiorów A i B nazywamy zbiór takich elementów, które należą do zbioru A i należą do zbioru B. Zapisujemy to $A \cap B$.

**Przykład:**

A={1,2,3,4,5,6}
B={0,9,8,7,6,5}
$A \cap B = \{5,6\}$.

### 2.2.4 SUMA ZBIORÓW

Sumą zbiorów A i B nazywamy zbiór takich elementów, które należą do zbioru A lub należą do zbioru B. Zapisujemy to $A \cup B$.

**Przykład:**

A={1,4,5,6}
B={0,9,7,6,5}
$A \cup B = \{0,1,4,5,6,7,9\}$.

### 2.2.5 RÓŻNICA ZBIORÓW

Różnicą zbiorów A minus B nazywamy zbiór takich elementów, które należą do A i nie należą do B. Zapisujemy to $A \setminus B$.

**Przykład:**

A={1,2,3,4,5}
B={1,2,3,4,5}
$A \setminus B = \varnothing$

## *2.3 ZBIÓR LICZB RZECZYWISTYCH I JEGO PODZBIORY*

### 2.3.1 DEFINICJA

N - zbiór liczb naturalnych
N = {0,1,2,3,4,5,6...}
C - zbiór liczb całkowitych
C = {...-3,-2,-1,0,1,2,3,4,5...}
W - zbiór liczb wymiernych

$W = \{x: x = \frac{p}{q}, p \in C \wedge q \in C - \{0\}\}$ to znaczy , że są to wszystkie takie cyfry, które otrzymuje się poprzez podstawienie do ułamka p/q liczb całkowitych, w miejsce mianownika nie można podstawić zera oczywiście.

NW - zbiór liczb niewymiernych

$NW = \{x: x \neq \frac{p}{q}\}$ Np. $\Pi = 3,1415926535...$

R - zbiór liczb rzeczywistych

$R = W \cup NW.$

**ZESTAWIENIE:**

| R | |
|---|---|
| **W** | **NW** |
| **C** | |
| **N** | |

## *2.3.2 DZIAŁANIA W ZBIORZE LICZB RZECZYWISTYCH*

- ***Prawo przemienności dodawania i mnożenia.***

$$a + b = b + a$$
$$a \cdot b = b \cdot a$$

- ***Prawo łączności dodawania i mnożenia.***

$$a + b + c = (a + b) + c = a + (b + c)$$
$$a \cdot b \cdot c = (a \cdot b) \cdot c = a \cdot (b \cdot c)$$

- ***Prawo rozdzielności mnożenia względem dodawania.***

$$(a + b) \cdot c = a \cdot c + b \cdot c$$

- ***Prawo skreślania.***

$$a + b = a + c \Rightarrow b = c$$
$$a \cdot b = a \cdot c \Rightarrow b = c \wedge a \neq 0$$

- ***Liczba "0" jako czynnik.***

$$a \cdot b = 0 \Leftrightarrow a = 0 \vee b = 0$$

- ***Jeden jako moduł mnożenia.***

$$a \cdot 1 = a$$

- ***Zero jako moduł dodawania.***

$$a+0=a$$

- ***Różnica dwóch liczb jest to taka liczba, która dodana do odjemnika daje odjemną.***

$$a - b = c \Leftrightarrow b + c = a$$

- ***Iloraz dwóch liczb a i b jest to taka liczba c, że*** $b \cdot c = a$***, jeżeli taka liczba istnieje i jest tylko jedna.***

$$\frac{a}{b} = c \Leftrightarrow (b \cdot c = a \wedge b \neq 0)$$

- ***Dla dowolnej liczby rzeczywistej a:***

$$a^1 = a$$

- ***Dla dowolnej liczby rzeczywistej a:***

*dla* $n \in N \wedge n \geq 1$ *,* $a^n$ *oznacza iloczyn "n" czynników, z których każdy równa się "a":*

$a^n = \prod_{i=1}^{n} a_i$ *(w taki sposób zapisuje się powyższe sformułowanie matematycznie).*

- ***Dla dowolnej liczby rzeczywistej a:***

$$a \neq 0 \Leftrightarrow a^0 = 1$$

- ***Dla dowolnej liczby rzeczywistej a:***

$$a \neq 0 \wedge n \in N \text{ jest } a^{-n} = \frac{1}{a^n}$$

Wyrażenie $a^n$ nazywamy potęgą o podstawie "a" i wykładniku "n".

- ***Pierwiastek n-tego stopnia z liczby nieujemnej "a" jest to taka liczba nieujemna "b", która podniesiona do potęgi "n" daje "a".***

$$(a \geq 0 \wedge b \geq 0 \wedge n \in N \wedge n > 1) \Rightarrow \sqrt[n]{a} = b \Leftrightarrow b^n = a$$

A oto kilka własności działań na potęgach:

$$a^{n+k} = a^n \cdot a^k$$
$$a^{n-k} = a^n : a^k$$
$$(a^n)^k = a^{n \cdot k}$$
$$\sqrt[n]{a^k} = a^{\frac{k}{n}}$$
$$(a \cdot b)^n = a^n \cdot b^n$$
$$(a : b)^n = a^n : b^n$$

## *2.3.3 ILOCZYN KARTEZJAŃSKI ZBIORÓW*

$$A \times B = \{(x, y) : x \in A \wedge y \in B\}$$

To znaczy, że iloczynem kartezjańskim dwóch zbiorów A i B nazywamy zbiór takich x i y, że "x" należą do zbioru A i "y" należą do zbioru B.

**Przykład:**

C- zbiór liczb całkowitych
R- zbiór liczb rzeczywistych

$R \times C = \{(x, y) : x \in R \wedge y \in C\}$

W układzie współrzędnych zaznaczamy to w następujący sposób:

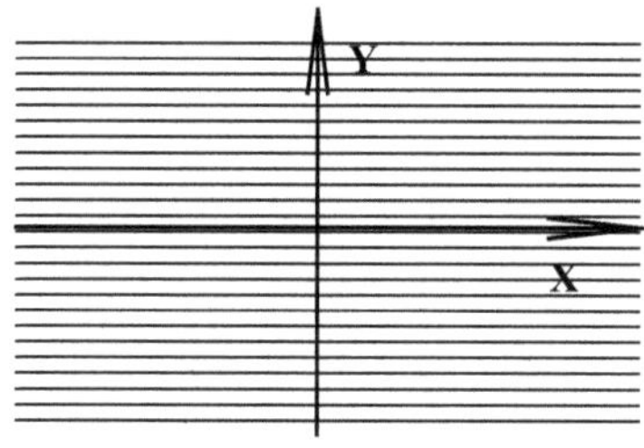

## *2.4 RELACJE*

W matematyce, szczególnie akademickiej, często pojawia się pojęcie relacji, czyli zależności pomiędzy dwoma czynnikami, charakteryzującej się różnymi cechami. ***Zdanie: "a jest w relacji R z b" zapisujemy a R b.***

**Przykład:**
$a=b$ - liczba a jest w relacji równości z liczbą b

### *2.4.1 RELACJA RÓWNOWAŻNOŚCI – WŁASNOŚCI*

- zwrotność $aRa$
- symetryczność $aRb \Leftrightarrow bRa$
- przechodniość $(aRb \wedge bRc) \Rightarrow (aRc)$

**Przykład:**

| Relacja równości | $a = a$ | (zwrotność) |
|---|---|---|
| | $a = b \Leftrightarrow b = a$ | (symetryczność) |
| | $(a = b) \wedge (b = c) \Rightarrow (a = c)$ | (przechodniość) |

### *2.4.2 RELACJA PORZĄDKUJĄCA (PORZĄDKU) – WŁASNOŚCI*

- spójność $aRb \vee bRa$
- antysymetryczność $aRb \Rightarrow \sim (bRa)$
- przechodniość $(aRb) \wedge (bRc) \Rightarrow (aRc)$

**Przykład:**
Relacja mniejszości w zbiorze liczb rzeczywistych:

| | |
|---|---|
| $a < b \vee b < a$ | (spójność) |
| $a < b \Rightarrow \sim (b < a)$ | (antysymetryczność) |
| $(a < b \wedge b < c) \Rightarrow a < c$ | (przechodniość) |

## *2.5 ZBIORY OGRANICZONE*

### *2.5.1 KWANTYFIKATORY*

*Zwrot: "**dla każdego x takiego, że**" zapisujemy* $\bigwedge_{x}$ *(kwantyfikator ogólny)*

*Zwrot: "**istnieje takie x, że**" zapisujemy* $\bigvee_{x}$ *(kwantyfikator szczegółowy)*

**Przykład:**

$\bigwedge_{x \in R} x^2+1>0$ -------- *wartość logiczna zdania – (1)*

(to jest zdanie i może być, jak każde zdanie, prawdziwe lub fałszywe)

$\bigwedge_{x \in R} x-3<2$ -------- *wartość logiczna zdania – (0)*

$\bigvee_{x \in R} x-3<2$ -------- *wartość logiczna zdania – (1)*

### *2.5.2 KRES GÓRNY I KRES DOLNY ZBIORU LICZB*

***Zbiór "Z" liczb nazywamy ograniczonym z góry wtedy i tylko wtedy, gdy:***

$\bigvee_{P \in R} \bigwedge_{x \in Z} x \le P$ ----- *gdzie P - liczba ograniczająca zbiór "Z" z góry*

Np. zbiór $A=\{1,2,3,4,5\}$ jest ograniczony z góry, ponieważ istnieje takie $P$, które jest większe od każdego elementu zbioru, np. $P=8$.

**Kres górny ograniczonego z góry zbioru liczb jest to najmniejsza liczba ograniczająca ten zbiór z góry.**
Dla powyższego przykład jest to liczba *5*, co zapisujemy: SUPREMUM (SUP) $A=5$[2].

[2] Słowa „supremum" i „infimum" pochodzą z języka łacińskiego i znaczą odpowiednio: supremus – najwyższy i infimus – najniższy.

***Zbiór "Z" liczb nazywamy ograniczonym z dołu wtedy i tylko wtedy, gdy:***

$$\bigvee_{P \in R} \bigwedge_{x \in Z} x \geq P$$ ----- *gdzie P - liczba ograniczająca zbiór "Z" z dołu*

Np. zbiór $B=\{1/2,1/4,1/8,1/16,1/32,1/64,1/128...\}$ jest ograniczony z dołu, ponieważ istnieje takie $P$, które jest mniejsze od każdego elementu zbioru np. $P=-12$.

**Kres dolny ograniczonego z dołu zbioru liczb jest to największa liczba ograniczająca ten zbiór z dołu.**

Dla powyższego przykładu to liczba 0 i zapisujemy to: INFIMUM (INF) $B=0$.

## *2.5.3 OŚ LICZBOWA*

**Osią liczbową nazywamy linię prostą, na której ustalono: zwrot dodatni, punkt zerowy i jednostkę.**

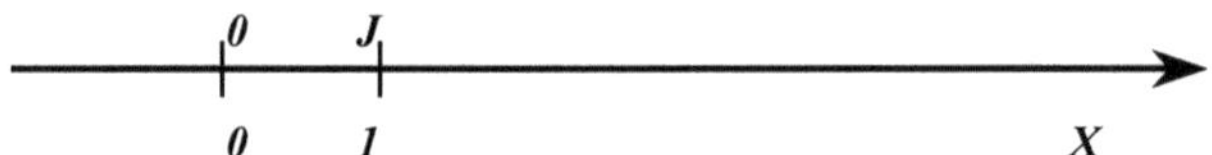


wektor $\vec{OJ} = \vec{i}$ czyli wektor jednostkowy osi nazywamy ***WERSOREM.***

## *2.5.4 PRZEDZIAŁY LICZBOWE*

- ***PRZEDZIAŁ OTWARTY***

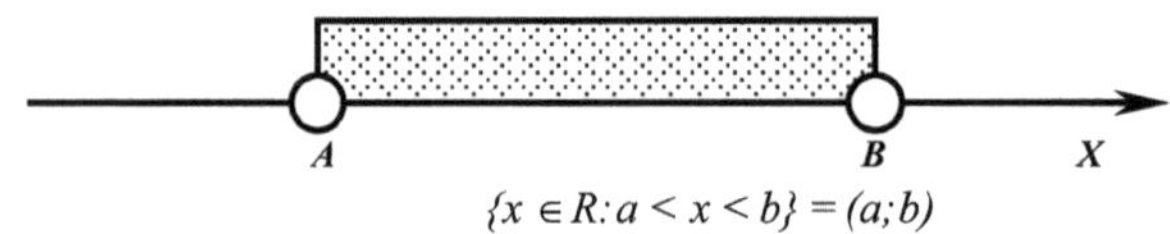


$$\{x \in R: a < x < b\} = (a;b)$$

- ***PRZEDZIAŁ DOMKNIĘTY***

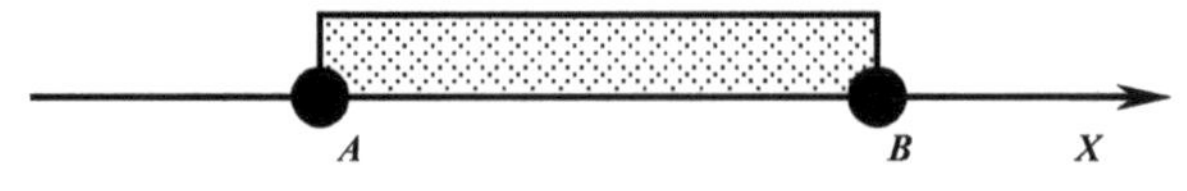


$$\{x \in R: a \leq x \leq b\} = < a;b >$$

- ***PRZEDZIAŁ LEWOSTRONNIE DOMKNIĘTY***

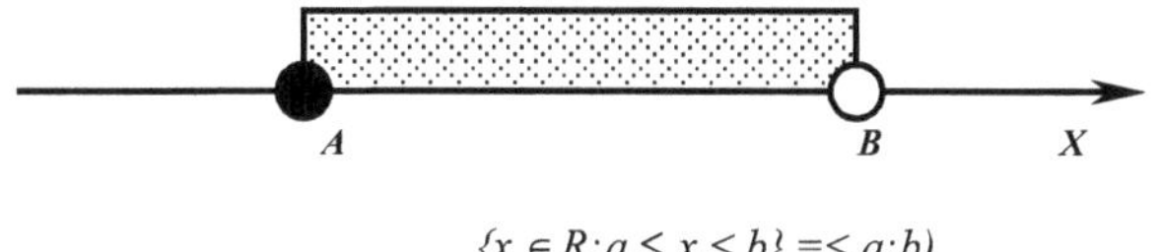


$\{x \in R: a \leq x < b\} =< a;b)$

- ***PRZEDZIAŁ PRAWOSTRONNIE DOMKNIĘTY***

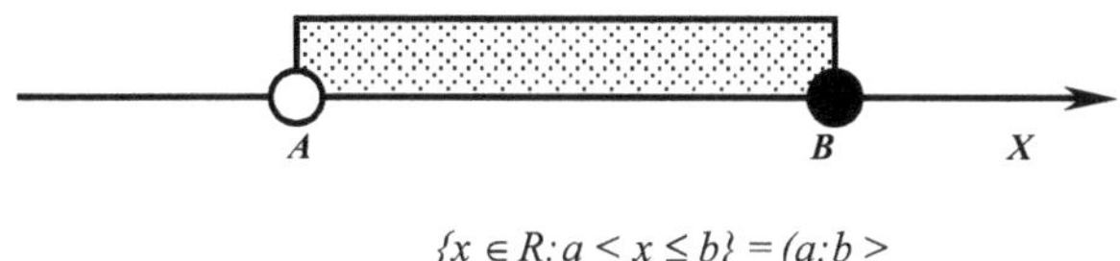


$\{x \in R: a < x \leq b\} = (a;b >$

- ***PRZEDZIAŁY NIEOGRANICZONE***

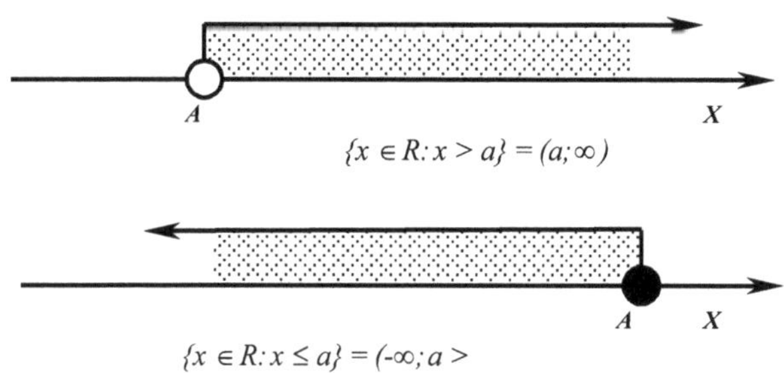


$\{x \in R: x > a\} = (a;\infty)$

$\{x \in R: x \leq a\} = (-\infty;a >$

Kółko puste na osi oznacza, że oznaczony nim element nie należy do przedziału, natomiast zamalowane – należy.

**Przykład:**

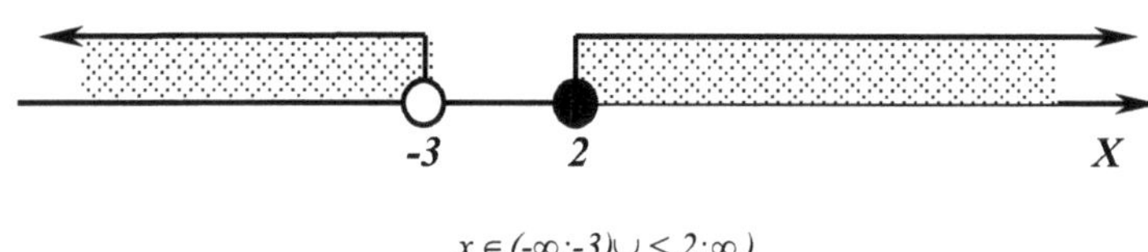


$x \in (-\infty;-3) \cup < 2;\infty)$

## 2.5.5 WARTOŚĆ BEZWZGLĘDNA

**2.5.5.1 DEFINICJA:** $|a| = \begin{cases} a & dla \quad a \geq 0 \\ -a & dla \quad a \geq 0 \end{cases}$

**2.5.5.2 WŁASNOŚCI:**

$$\bigwedge_{x \in R} |x| \geq 0$$

$$|x| = a \Leftrightarrow x = -a \vee x = a$$

$$|x| < a \Leftrightarrow -a < x < a \quad czyli \quad x \in (-a; a)$$

(mówimy: wartość bezwzględna z *"x"* jest mniejsza od *"a"* wtedy i tylko wtedy, gdy *"x"* jest mniejszy od *"a"* i większy od minus *"a"* ).
Spójnik "i" oznacza, iż jest to koniunkcja (czyli część wspólna w teorii mnogości) dwóch zbiorów: $x < a$ i $x > -a$,

$$|x| > a \Leftrightarrow x < -a \vee x > a \quad czyli \quad x \in (-\infty; -a) \cup (a; \infty)$$

(mówimy: wartość bezwzględna z *"x"* jest większa od *"a"* wtedy i tylko wtedy, gdy *"x"* jest mniejszy od minus *"a"* lub większy od *"a")*.
Tym razem spójnik *"lub" oznacza* alternatywę (w teorii mnogości suma) dwóch zbiorów $x < -a$ i $x > a$.

**2.5.5.3 PRZYKŁADOWE ZASTOSOWANIE WARTOŚCI BEZWZGLĘDNEJ**

Rozwiąż nierówność: $|3x - 2| < 1$,

czyli z własności $-1<3x-2<1$ *czyli* $2-1<3x<2+1$ *czyli* $1<3x<3$ *czyli* $1/3<x<1$

Można rozwiązanie to zapisać pełnym matematycznym zdaniem:

$$(\frac{1}{3}; 1) = \{x \in R: |3x - 2| < 1\}$$

**2.5.5.4 WŁASNOŚCI WARTOŚCI BEZWZGLĘDNEJ**

$$\sqrt{a^2} = |a| \qquad |x \cdot y| = |x| \cdot |y|$$

$$|x + y| \leq |x| + |y| \qquad |x - y| \geq |x| - |y|$$

## *2.6 ZADANIA DO SAMODZIELNEGO ROZWIĄZANIA*

**Zadanie 4**

Mając dane:

$$A = \{(x, y) : x \in R, y \in R, x^2 + y^2 \leq 25\},$$
$$B = \{(x, y) : x \in R, y \in R, x^2 + y - 4 < 0\},$$

zaznacz u układzie współrzędnych elementy zbiorów: $A \cap B$, $A/B$.

**Zadanie 5**

Zaznacz w układzie współrzędnych zbiory

$$A = \{(x, y) : x \in R, y \in R, 2x - y + 1 = 0\},$$
$$B = \{(x, y) : x \in R, y \in R, |x - y| \leq 3\}.$$

**Zadanie 6**

Zaznacz na rysunku zbiór punktów płaszczyzny, których współrzędne (x,y) spełniają nierówność:

$$|y| + |2x + 1| \leq 2.$$

**Zadanie 7**

Chłopiec szedł z miasta A do miasta B ze średnią prędkością 4,5km/h. Po przebyciu jednego odcinka drogi skorzystał z „autostopu" i wsiadł do ciężarówki, która wyruszyła z A o 1h 20min później od niego i jechała z prędkością 45km/h. Chłopiec dojechał do B o 2h 16min wcześniej niż gdyby szedł cały czas pieszo. Jaką drogę przebył i jaka jest odległość od A do B?

**Zadanie 8**

Czy dane równania są równoważne?

$$x^2 + x + 5 = 0$$
$$2x^2 - x + 9 = 0$$

## Zadanie 9

Spośród równań:

$$|x+1|-3x=0$$

$$\left|x^2-\frac{1}{4}\right|=0$$

$$|x|=\frac{1}{2}$$

$$\left|4x^2-4x+1\right|=0$$

$$\left|8x^2-2x-1\right|=1$$

wybierz równania równoważne.

NOTATKI

.......................................................................................................
.......................................................................................................
.......................................................................................................
.......................................................................................................
.......................................................................................................
.......................................................................................................

# 3. PODSTAWY ANALIZY MATEMATYCZNEJ

## 3.1 POJĘCIE FUNKCJI

### 3.1.1 DEFINICJA

**Funkcja jest to przyporządkowanie każdemu elementowi $x$ ze zbioru $X$ dokładnie jednego elementu $y$ ze zbioru $Y$. Zapisujemy to** $x \to y = f(x)$

**$x$ - dziedzina funkcji (zbiór argumentów)**

**$y$ - przeciwdziedzina funkcji (zbiór wartości funkcji)**

Jeżeli dziedzina funkcji jest podzbiorem zbioru liczb rzeczywistych, to funkcję nazywamy funkcją zmiennej rzeczywistej.

Jeżeli zbiór wartości funkcji jest podzbiorem zbioru liczb rzeczywistych, to funkcję nazywamy funkcją rzeczywistą.

### 3.1.2 SPOSOBY PRZEDSTAWIANIA FUNKCJI RZECZYWISTEJ

- ***Za pomocą przepisu słownego:***

np. każdej liczbie $x$ ze zbioru $X$ przyporządkowuję liczbę *2 razy* większą.

- ***Za pomocą grafu:***

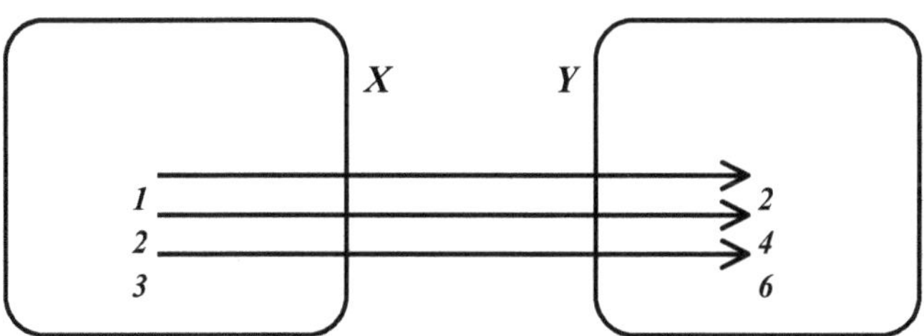

- ***Za pomocą tabelki:***

| $X$ | *1* | *2* | *3* |
|---|---|---|---|
| $x \rightarrow y = f(x)$ | *2* | *4* | *6* |

- ***Za pomocą wzoru:***

$$x \rightarrow y = 2x \quad X = \{1,2,3\}$$

- ***Za pomocą wykresu:***

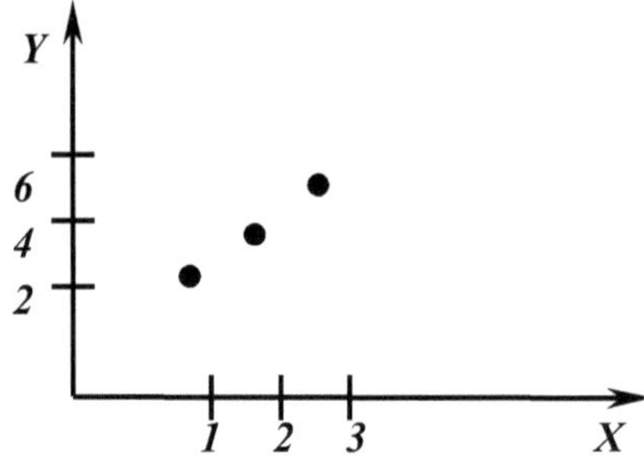


Wykresem tej funkcji są trzy punkty tzw. kratowe (punkty o współrzędnych całkowitych).

### *3.1.3 ODWZOROWANIE ZBIORU W ZBIÓR*

Jest to odwzorowanie polegające na przyporządkowaniu każdemu elementowi $x$ ze zbioru $X$ dokładnie jednego elementu $y$ ze zbioru $Y$ z tym, że moc zbioru $X$ jest mniejsza od zbioru $Y$ (innymi słowy zbiór $X$ posiada mniej elementów od zbioru Y).

**Przykład:**

*X* - zbiór dziewcząt w Nairobi
*Y* - zbiór liczb naturalnych
*F:* każdej dziewczynce mieszkającej w Nairobi przyporządkowuję jej wiek.

### *3.1.4 ODWZOROWANIE ZBIORU NA ZBIÓR*

Jest to odwzorowanie polegające na przyporządkowaniu każdemu elementowi *x* ze zbioru *X* dokładnie jednego elementu *y* ze zbioru *Y* z tym, że moce tych zbiorów są równe (tzn. oba zbiory mają tą samą liczbę elementów), wtedy mówimy o odwzorowaniu wzajemnie jednoznacznym, lub moc zbioru *X* jest większa od mocy zbioru *Y*.

**Przykład:**

*X* - zbiór państw na świecie
*Y* - zbiór stolic państw na świecie
*F*: każdemu państwu na świecie przyporządkowuję jego stolicę.

### *3.1.5 OKREŚLENIE WYKRESU FUNKCJI*

**Wykresem funkcji nazywamy zbiór wszystkich punktów płaszczyzny o współrzędnych *x* i *y* takich, że *x* należy do dziedziny funkcji, a *y* jest odpowiadającą mu wartością funkcji.**

**Przykład:**

$y=4$ *gdzie:* $D_f = \langle 1;\infty)$

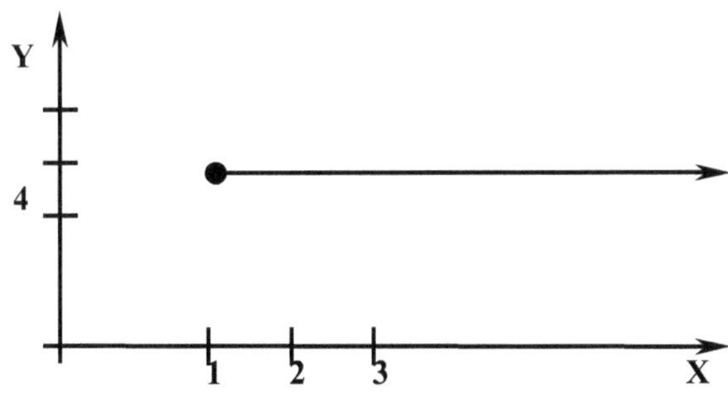

### *3.1.6 MIEJSCE ZEROWE FUNKCJI*

**Miejscem zerowym funkcji nazywamy tę wartość argumentu, dla której funkcja przyjmuje wartość zero.**

**Przykład:**

Wyznaczyć miejsce zerowe funkcji $y=x-7$

Rozwiązanie: $0=x-7$ *czyli* $x=7$.

### *3.1.7 ZNAK FUNKCJI*

W tym miejscu określamy przedziały argumentów, dla których funkcja jest dodatnia (nieujemna) lub ujemna (niedodatnia). W przykładzie jak powyżej ($y=4$ ) w całej dziedzinie funkcja jest dodatnia.

### *3.1.8 MONOTONICZNOŚĆ FUNKCJI*

- ***Definicja funkcji rosnącej.***

Funkcja $f$ jest rosnąca w zbiorze $D$ wtedy i tylko wtedy, gdy:

$$\bigwedge_{x_1, x_2 \in D} x_1 < x_2 \Rightarrow f(x_1) < f(x_2)$$

*czyli gdy większej wartości argumentu odpowiada większa wartość funkcji (wykres takiej funkcji „wznosi się ku górze").*

- ***Definicja funkcji malejącej.***

Funkcja $f$ jest malejąca w zbiorze $D$ wtedy i tylko wtedy, gdy:

$$\bigwedge_{x_1, x_2 \in D} x_1 < x_2 \Rightarrow f(x_1) > f(x_2)$$

*czyli gdy większej wartości argumentu odpowiada mniejsza wartość funkcji (wykres takiej funkcji „opada ku dołowi").*

Pamiętajmy, że funkcja może być również niemalejąca (fragmentami rosnąca lub stała) lub nierosnąca (fragmentami malejąca lub stała).

### 3.1.9 BADANIE MONOTONICZNOŚCI FUNKCJI

**Przykład:**

Zbadać monotoniczność funkcji $f(x)=3x+5$, $D=R$

Niech: $x_1, x_2 \in R \wedge x_1 < x_2$ ; $x_1 - x_2 < 0$

$f(x_1) = 3x_1 + 5 \quad f(x_2) = 3x_2 + 5$

Badamy znak różnicy: $f(x_1) - f(x_2)$

$$f(x_1) - f(x_2) = 3x_1 + 5 - (3x_2 + 5) = 3x_1 + 5 - 3x_2 - 5 = 3x_1 - 3x_2 = 3(x_1 - x_2) < 0$$

Tak więc: $f(x_1) - f(x_2) < 0 \Leftrightarrow f(x_1) < f(x_2)$

Wykazaliśmy więc, że:

$$\Big[ \bigwedge_{x_1, x_2 \in R} x_1 < x_2 \rightarrow f(x_1) < f(x_2) \Big] \Leftrightarrow \text{funkcja } f \text{ jest rosnąca w zbiorze } R$$

### 3.1.10 DEFINICJA FUNKCJI PARZYSTEJ

Funkcja $f$ jest parzysta na zbiorze $D$ wtedy i tylko wtedy, gdy:

$$\bigwedge_{x \in D} -x \in D \wedge f(-x) = f(x)$$

Wykres funkcji parzystej jest symetryczny względem osi $OY$.

Przykładem może być funkcja $y = x^2$, $x \in R$.

Podpowiedź: $$\bigwedge_{x \in R} -x \in R \wedge (-x)^2 = x^2$$

Ciekawym przykładem funkcji parzystej jest funkcja Weierstrassa.[3]

---

[3] Dla zainteresowanych polecam wykres funkcji: https://pl.wikipedia.org/wiki/Funkcja_Weierstrassa

### *3.1.11 DEFINICJA FUNKCJI NIEPARZYSTEJ*

Funkcja *f* jest nieparzysta na zbiorze *D* wtedy i tylko wtedy, gdy:

$$\bigwedge_{x \in D} -x \in D \wedge f(-x) = -f(x)$$

Wykres funkcji nieparzystej jest symetryczny względem początku układu współrzędnych.

Przykładem może być funkcja $y = x^3,\ x \in R$.

Ponieważ: $$\bigwedge_{x \in R} -x \in R \wedge (-x)^3 = -x^3$$

Badanie parzystości funkcji polega zatem na podstawieniu w miejsce argumentu "*-x*" i sprawdzeniu, czy otrzymana postać funkcji jest równa jej postaci wyjściowej, natomiast przy badaniu nieparzystości sprawdzamy, czy postać funkcji po podstawieniu "*–x*" w miejsce argumentu jest równa postaci funkcji po podstawieniu znaku " - " przed całą funkcją.
Czyli np. mając funkcję:

*y=4x+8 to f(-x)=4(-x)+8 czyli f(-x)=-4x+8*
natomiast:
*-f(x)=-(4x+8) czyli -f(x)=-4x-8*

Wynika z tego, że badana funkcja nie jest parzysta i nie jest nieparzysta.[4]
Uwaga!
Zawsze należy sprawdzić, czy $\bigwedge_{x \in D} -x \in D$, czyli czy przedział, w jakim rozpatrujecie funkcję, jest symetryczny względem początku układu współrzędnych – element "*–x*" również musi należeć do dziedziny badanej funkcji.

[4] Wiele przykładów funkcji parzystych i nieparzystych można znaleźć na stronie https://www.medianauka.pl/parzystosc-funkcji

### *3.1.12 DEFINICJA FUNKCJI RÓŻNOWARTOŚCIOWEJ*

Mówimy, że funkcja $f$ jest różnowartościowa na zbiorze $D$ wtedy i tylko wtedy, gdy:

$$\bigwedge_{x_1, x_2 \in D} [x_1 \neq x_2 \Rightarrow f(x_1) \neq f(x_2)]$$

To znaczy, że taka funkcja *W CAŁEJ SWOJEJ DZIEDZINIE* stale rośnie albo stale maleje (to jest alternatywa wykluczająca), nie może zatem np. maleć i rosnąć lub czasami rosnąć, a czasami być stała.

**Przykład:**

$y=2x$, $D_f = R$ $\qquad$ $y = x^2$, $D_f = R^+ \cup \{0\}$

### *3.1.13 DEFINICJA FUNKCJI WZAJEMNIE ODWROTNYCH*

Jeżeli funkcja $f: X \to Y$ (odwzorowujemy zbiór $X$ na zbiór $Y$ ) jest różnowartościowa, to istnieje funkcja $f^{-1}: Y \to X$, którą nazywamy funkcją odwrotną do funkcji $f$.
O funkcjach $f$ oraz $f^{-1}$ mówimy, że są wzajemnie odwrotne.

**Przykład:**

Wyznaczmy funkcję odwrotną do danej: $f: x \to y = 3x - 2 \quad X = R, Y = R$
(funkcja ta jest różnowartościowa).
Przekształcamy wzór: $\qquad y=3x-2$

$$3x=y+2 \text{ czyli } x=1/3y+2/3$$

$$f^{-1}: y \to x = \frac{1}{3}y + \frac{2}{3}$$

Ponieważ odwzorowujemy zbiór $Y$ na zbiór $X$, to naszym argumentem jest *"y"*, a ponieważ chcemy mieć obraz funkcji w naszym układzie *"XOY"*, zapisujemy po prostu:

$$f^{-1}: x \to y = \frac{1}{3}x + \frac{2}{3}$$

### *3.1.14 PRZEKSZTAŁCENIA SYMETRYCZNE WYKRESU FUNKCJI*

- ***Przekształcenie wykresu funkcji względem osi OX.***

$$S_{OX}\,[y = f(x)] = [y = -f(x)]$$

- ***Przekształcenie wykresu funkcji względem osi OY.***

$$S_{OY}\,[y = f(x)] = [y = f(-x)]$$

- ***Przekształcenie wykresu funkcji względem początku układu współrzędnych.***

$$S_{0(0,0)} = S_{OY}\,S_{OX}\,[y = f(x)] = [y = -f(-x)]$$

### *3.1.15 PRZESUNIĘCIE WYKRESU FUNKCJI*

Rozpocznijmy od przesunięcia *(***translacji***)* punktu w układzie współrzędnych prostokątnych.
Niech będzie dany punkt A o współrzędnych: $(x, y)$ oraz punkt A' *(A-prim)* o współrzędnych: $(x', y')$.
Niech punkt A' będzie obrazem punktu A przesuniętego o wektor:

$$\vec{U} = \overrightarrow{AA'} \quad gdzie: \ \overrightarrow{AA'} = [(x' - x);(y' - y)]$$

Współrzędne wektora zapisujemy w nawiasach kwadratowych.
Oznaczmy współrzędne wektora $\vec{U}$ w następujący sposób:

$$\begin{cases} p = x' - x \\ q = y' - y \end{cases} \Leftrightarrow \begin{cases} x' = x + p \\ y' = y + p \end{cases}$$

Postać taka wygodna jest przy rozwiązywaniu zadań.

Przesuwając funkcję o wektor przekształćmy wyprowadzenia: $x=x'-p$ oraz $y=y'-q$ .
Podstawiając je do wzoru funkcji : $y=f(x)$ otrzymujemy:

$$T_{\vec{U}_{[p;q]}} = [y = f(x)] = [y' - q = f(x' - p)] = [y' = f(x' - p) + q]$$

Ponieważ *"x' "* oraz *"y' "* to tylko oznaczenia, możemy je pominąć i ostatecznie zapisać :

$$T_{\vec{U}_{[p;q]}} = \left[y = f(x-p)+q\right]$$

**Przykład:**

Wyznacz współrzędne punktu A=*( 1 , 1 )* przesuniętego o wektor $\vec{U}$*=[ 2 ,4 ]:*

$$A' = (1+2, 1+4) = (3, 5).$$

**Przykład:**

Wyznacz wzór funkcji *y=2x* przesuniętej o wektor $\vec{U}$*=[ 2 ,-3 ]* :

$$y=2(x-2)-3 \quad czyli \quad y=2x-7.$$

## *3.1.16 ZADANIA DO SAMODZIELNEGO ROZWIĄZANIA*

**Zadanie 10**

Zbadaj monotoniczność funkcji: f(x) = -3x + 2, $x \in R$.

**Zadanie 11**

W oparciu o definicje funkcji rosnącej i malejącej zbadaj monotoniczność funkcji: y = 1 – 3x.

**Zadanie 12**

Napisz wzór funkcji odwrotnej do y = 5x – 2.

Czy $f(x) = 2x^2 \wedge x \in R$ posiada funkcję odwrotną?

**Zadanie 13**

Zbadaj parzystość funkcji:

a. $y = \frac{x}{x-2}$, b. $y = 2x^2 + 1$,

c. $y = 5x^3 - x$, d. y = cos x + 2.

**Zadanie 14**

Znajdź kresy zbioru: $A = \{x:\ x = 1 - 1/n \wedge n \in N\}$.

NOTATKI

.............................................................................................

.............................................................................................

.............................................................................................

.............................................................................................

.............................................................................................

.............................................................................................

.............................................................................................

# *3.2 FUNKCJE OKRESOWE*

## *3.2.1 DEFINICJA OGÓLNA*

Funkcję nazywamy okresową wtedy i tylko wtedy, gdy istnieje liczba $s \neq 0$ taka, że dla każdego "$x$" należącego do dziedziny funkcji, "$x+s$" oraz "$x-s$" też należą do dziedziny funkcji i zachodzi równość: $f(x+s)=f(x)$.

Każdą liczbę "$s$" spełniającą ten warunek nazywamy **okresem funkcji** "$f$ ". Jeżeli istnieje najmniejsza liczba dodatnia "$s$" spełniająca ten warunek, to nazywamy ją **zasadniczym okresem funkcji**.

Przykładem funkcji okresowej jest funkcja $y=sin(x)$ . Poszczególne wartości tej funkcji powtarzają się o okres $s=2\pi$ (za wyjątkiem wartości "$0$", która powtarza się o okres $\pi$ ).

## *3.2.2 DEFINICJE FUNKCJI TRYGONOMETRYCZNYCH KĄTA OSTREGO W TRÓJKĄCIE PROSTOKĄTNYM*

- **Sinusem kąta ostrego w trójkącie prostokątnym nazywamy stosunek jego przyprostokątnej naprzeciwległej kątowi do przeciwprostokątnej.**

- **Cosinusem kąta ostrego w trójkącie prostokątnym nazywamy stosunek jego przyprostokątnej przyległej do kąta do przeciwprostokątnej.**

- **Tangensem kąta ostrego w trójkącie prostokątnym nazywamy stosunek jego przyprostokątnej przeciwległej kątowi do przyprostokątnej przyległej do kąta.**

- **Cotangensem kąta ostrego w trójkącie prostokątnym nazywamy stosunek jego przyprostokątnej przyległej do kąta do przyprostokątnej przeciwległej kątowi.**

A oto wartości funkcji trygonometrycznych kilku przykładowych kątów:[5]

| *FUNKCJA / KĄT* | $30^0$ | $45^0$ | $60^0$ | $90^0$ |
|---|---|---|---|---|
| *SINUS* | $\frac{1}{2}$ | $\frac{\sqrt{2}}{2}$ | $\frac{\sqrt{3}}{2}$ | $1$ |
| *COSINUS* | $\frac{\sqrt{3}}{2}$ | $\frac{\sqrt{2}}{2}$ | $\frac{1}{2}$ | $0$ |
| *TANGENS* | $\frac{\sqrt{3}}{3}$ | $1$ | $\sqrt{3}$ | $\infty$ |
| *COTANGENS* | $\sqrt{3}$ | $1$ | $\frac{\sqrt{3}}{3}$ | $0$ |

### *3.2.3 MIARA ŁUKOWA KĄTA*

Jednostką miary łukowej kąta jest *RADIAN (rad)*. Jest to kąt środkowy oparty na łuku, którego długość jest równa długości promienia okręgu. Kąt w mierze łukowej jest to stosunek długości łuku do promienia, którym ten łuk został zatoczony.
Przykładowo kąt $360^0$ to iloraz długości łuku, czyli w tym przypadku jest to obwód koła: $l = 2\Pi r$, do długości promienia "$r$". A zatem $360^0 = 2\Pi\ rad$.

Analogicznie można obliczyć każdy kąt w mierze łukowej.

- Zamiana miary stopniowej kąta na miarę łukową:

$$\alpha^0 = \alpha \cdot \frac{\Pi}{180}\ rad$$

[5] Wartości funkcji trygonometrycznych pozostałych kątów ostrych znajdziemy w tzw. tablicach trygonometrycznych, np. w zestawie wzorów matematycznych przygotowanym dla maturzystów przez Centralną Komisję Egzaminacyjną (https://cke.gov.pl/egzamin-maturalny/egzamin-w-nowej-formule/informatory/)

- Zamiana miary łukowej kąta na miarę stopniową:

$$m\,rad = \left(\frac{m \cdot 180}{\Pi}\right)^0$$

### *3.2.4 FUNKCJE TRYGONOMETRYCZNE DOWOLNEGO KĄTA W UKŁADZIE WSPÓŁRZĘDNYCH PROSTOKĄTNYCH*

$$\sin\alpha = \frac{Y}{R};\quad \cos\alpha = \frac{X}{R};\quad tg\alpha = \frac{Y}{X},\ X \neq 0;\ ctg\alpha = \frac{X}{Y},\ Y \neq 0$$

*gdzie: R - długość promienia wodzącego - odległość punktu w układzie współrzędnych, dla którego określamy funkcję, od początku układu współrzędnych,*

$$R = \sqrt{X^2 + Y^2}$$

*$X, Y$ - odpowiednie współrzędne danego punktu w układzie współrzędnych*

### *3.2.5 WARTOŚCI FUNKCJI TRYGONOMETRYCZNYCH WIELOKROTNOŚCI CAŁKOWITYCH KĄTA PROSTEGO*

| FUNKCJA / KĄT | $0^0$ | $90^0$ | $180^0$ | $270^0$ | $360^0$ |
|---|---|---|---|---|---|
| SINUS | 0 | 1 | 0 | -1 | 0 |
| COSINUS | 1 | 0 | -1 | 0 | 1 |
| TANGENS | 0 | X | 0 | X | 0 |
| COTANGENS | X | 0 | X | 0 | X |

*Znak: "X" oznacza "nie istnieje".*

### *3.2.6 ZNAK FUNKCJI TRYGONOMETRYCZNYCH W POSZCZEGÓLNYCH ĆWIARTKACH UKŁADU WSPÓŁRZĘDNYCH*

Ponieważ funkcje trygonometryczne są okresowe, a najdłuższy okres wynosi $2\Pi\,rad$, to podzielono go na cztery części i każdą z nich nazwano ćwiartką, jak zwykło się nazywać 1/4 całości.

| *FUNKCJA / KĄT* | $(0^0 \div 90^0)$ | $(90^0 \div 180^0)$ | $(180^0 \div 270^0)$ | $(270^0 \div 360^0)$ |
|---|---|---|---|---|
| *SINUS* | + | + | – | – |
| *COSINUS* | + | – | – | + |
| *TANGENS* | + | – | + | – |
| *COTANGENS* | + | – | + | – |

## *3.2.7 ZWIĄZKI MIĘDZY FUNKCJAMI TRYGONOMETRYCZNYMI TEGO SAMEGO KĄTA*

$$\bigwedge_{\alpha} \sin^2\alpha + \cos^2\alpha = 1$$

$$\bigwedge_{\alpha} -1 \le \sin\alpha \le 1 \wedge -1 \le \cos\alpha \le 1$$

*Dla każdego kąta* $\alpha$*, dla którego określony jest* $tg\alpha$ → $\frac{\sin\alpha}{\cos\alpha} = tg\alpha$

*Dla każdego kąta* $\alpha$*, dla którego określony jest* $ctg\alpha$ → $\frac{\cos\alpha}{\sin\alpha} = ctg\alpha$

*Dla każdego kąta* $\alpha$*, dla którego określony jest* $tg\alpha$ i $ctg\alpha$ → $tg\alpha \cdot ctg\alpha = 1$

*Dla każdego kąta* $\alpha$*, dla którego* $tg\alpha \neq 0$ → $ctg\alpha = \frac{1}{tg\alpha}$

## *3.2.8 FUNKCJE TRYGONOMETRYCZNE ZMIENNEJ RZECZYWISTEJ*

Każdej liczbie rzeczywistej " $T$ " przyporządkowujemy resztę z dzielenia " $T$ " przez $2\Pi$

→ " $r$ " jest miarą w radianach pewnego kąta

→ " $k$ " dowolną liczbą całkowitą

Wtedy prawdziwe są równości:

$$\sin T = \sin(k \cdot 2\Pi + r) = \sin r$$

$$\cos T = \cos(k \cdot 2\Pi + r) = \cos r$$

Jeżeli istnieje $tg\alpha : tgT = tg(k \cdot 2\Pi + r) = tgr$

Jeżeli istnieje $ctg\alpha : ctgT = ctg(k \cdot 2\Pi + r) = ctgr$

Nie zapominajmy, że $2\Pi = 360^0$

**Przykład:**

Obliczyć wartość wyrażenia $\sin(405^0)$:

$$\sin(405^0) = \sin(1 \cdot 360^0 + 45^0) = \sin(45^0) = \frac{\sqrt{2}}{2}$$

Obliczyć wartość wyrażenia $\sin(\frac{33}{4}\Pi)$:

$$\sin(\frac{33}{4}\Pi) = \sin(4 \cdot 2\Pi + \frac{\Pi}{4}) = \sin\frac{\Pi}{4} = \frac{\sqrt{2}}{2}$$

### 3.2.9 *WŁASNOŚCI FUNKCJI TRYGONOMETRYCZNYCH ZMIENNEJ RZECZYWISTEJ*

- ***Dziedzina funkcji trygonometrycznych***

$y=sin(x)$, $D=R$ $\qquad$ $y=cos(x)$, $D=R$

$y=tg(x)$, $D = R \setminus \left\{\frac{\Pi}{2} + k\Pi\right\} \wedge k \in C$ $\qquad$ $y=ctg(x)$, $D = R \setminus \{k\Pi\} \wedge k \in C$

- ***Okresowość funkcji trygonometrycznych***

$$\bigwedge_{t \in R} \sin(t) = \sin(t + 2\Pi)$$

$$\bigwedge_{t \in R} \cos(t) = \cos(t + 2\Pi)$$

$$\bigwedge_{k \in C \wedge t \neq \frac{\Pi}{2} + k\Pi} tg(t) = tg(t + \Pi)$$

$$\bigwedge_{k \in C \wedge t \neq k\Pi} ctg(t) = ctg(t + \Pi)$$

- ***Parzystość lub nieparzystość funkcji trygonometrycznych***

$$\bigwedge_{t \in R} -t \in R \wedge \sin(-t) = -\sin(t) \rightarrow \textit{funkcja nieparzysta}$$

$$\bigwedge_{t \in R} -t \in R \wedge \cos(-t) = \cos(t) \rightarrow \textit{funkcja parzysta}$$

$$\bigwedge_{t \in R} -t \in R \wedge \mathrm{tg}(-t) = -\mathrm{tg}(t) \rightarrow \textit{funkcja nieparzysta}$$

$$\bigwedge_{t \in R} -t \in R \wedge \mathrm{ctg}(-t) = -\mathrm{ctg}(t) \rightarrow \textit{funkcja nieparzysta}$$

## *3.2.10 WYZNACZANIE OKRESU ZASADNICZEGO FUNKCJI TRYGONOMETRYCZNYCH*

Jak wiadomo, funkcja *y=sin(x)* ma okres dwa *"pi"* . Jaki okres ma zatem funkcja *y=sin(2x)?*

$\sin(2x) = \sin(2x + 2\Pi) = \sin[2(x + \Pi)]$

Jak widać okres funkcji *y=sin(2x)* jest inny, niż funkcji *y=sin(x* , wynosi on mianowicie $s = \Pi$

(okres zasadniczy oznaczamy literą *"s"* zgodnie z definicją funkcji okresowej).

Podobnie okres funkcji: *y=sin(1/2x)* jest inny i wynosi:

$$\sin(\frac{1}{2}t) = \sin(\frac{1}{2}t + 2\Pi) = \sin[\frac{1}{2}(t + 4\Pi)] \quad czyli \quad s = 4\Pi$$

### 3.2.11 WZORY REDUKCYJNE

*DLA KAŻDEJ LICZBY "t" ZACHODZĄ NASTEPUJĄCE WZORY :*

**PIERWSZA ĆWIARTKA** $(0;\frac{\Pi}{2})$

$\sin(\frac{\Pi}{2} - t) = \cos(t)$ $\cos(\frac{\Pi}{2} - t) = \sin(t)$ $tg(\frac{\Pi}{2} - t) = ctg(t)$ $ctg(\frac{\Pi}{2} - t) = tg(t)$

**DRUGA ĆWIARTKA** $(\frac{\Pi}{2};\Pi)$

$\sin(\frac{\Pi}{2} + t) = \cos(t)$ $\cos(\frac{\Pi}{2} + t) = -\sin(t)$ $tg(\frac{\Pi}{2} + t) = -ctg(t)$ $ctg(\frac{\Pi}{2} + t) = -tg(t)$

**LUB:**

$\sin(\Pi - t) = \sin(t)$ $\cos(\Pi - t) = -\cos(t)$ $tg(\Pi - t) = -tg(t)$ $ctg(\Pi - t) = -ctg(t)$

**TRZECIA ĆWIARTKA** $(\Pi;\frac{3}{2}\Pi)$

$\sin(\Pi + t) = -\sin(t)$ $\cos(\Pi + t) = -\cos(t)$ $tg(\Pi + t) = tg(t)$ $ctg(\Pi + t) = ctg(t)$

**LUB:**

$\sin(\frac{3}{2}\Pi - t) = -\cos(t)$ $\cos(\frac{3}{2}\Pi - t) = -\sin(t)$ $tg(\frac{3}{2}\Pi - t) = ctg(t)$ $ctg(\frac{3}{2}\Pi - t) = tg(t)$

**CZWARTA ĆWIARTKA** $(\frac{3}{2}\Pi;2\Pi)$

$\sin(\frac{3}{2}\Pi + t) = -\cos(t)$ $\cos(\frac{3}{2}\Pi + t) = \sin(t)$ $tg(\frac{3}{2}\Pi + t) = -ctg(t)$ $ctg(\frac{3}{2}\Pi + t) = -tg(t)$

**LUB:**

$\sin(2\Pi - t) = -\sin(t)$ $\cos(2\Pi - t) = \cos(t)$ $tg(2\Pi - t) = -tg(t)$ $ctg(2\Pi - t) = -ctg(t)$

Powyższe zależności wynikają ze zmian znaków funkcji w poszczególnych ćwiartkach układu współrzędnych oraz z faktu, że we wzorach redukcyjnych kątów $2\Pi$ $i$ $\Pi$ funkcja nie zamienia się ze swoją siostrzaną, lecz pozostaje taka sama (przez funkcję siostrzaną rozumiemy zamianę funkcji sinus na cosinus i na odwrót oraz zamianę funkcji tangens na cotangens i na odwrót ), natomiast we wzorach redukcyjnych kątów $\frac{1}{2}\Pi$ $i$ $\frac{3}{2}\Pi$ funkcja zachowuje się wręcz przeciwnie, czyli zamienia się ze swoją siostrzaną.

**Przykład:**

$$\sin(300^0) = \sin(360^0 - 60^0) = -\sin(60^0) = -\frac{\sqrt{3}}{2}$$

W przykładzie wykorzystano wzór z kątem $2\Pi$, w związku z czym sinus nie zamienił się ze swoim siostrzeńcem, oraz informację o ujemnym znaku funkcji sinus w czwartej ćwiartce układu współrzędnych.

### *3.2.12 WYKRES I WŁASNOŚCI FUNKCJI Y=SIN(X)*

- **W Y K R E S:**

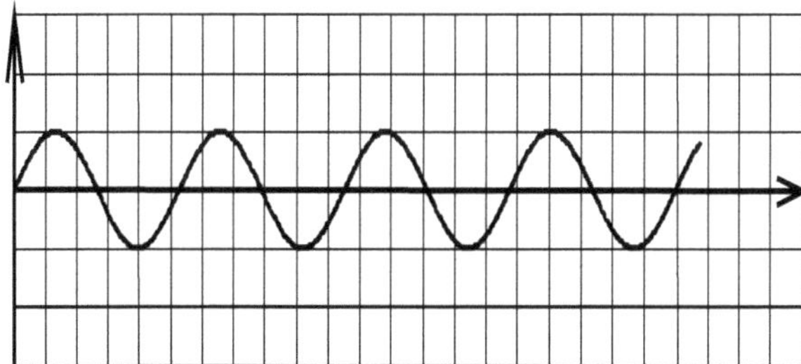

- **W Ł A S N O Ś C I:**

*1. Dziedzina funkcji: D=R*
*2. Zbiór wartości funkcji:* $y \in <-1;1>$
*3. Miejsca zerowe:* $x = 0 + k\Pi \wedge k \in C$
*4. Okresowość funkcji: zasadniczym okresem funkcji jest* $s = 2\Pi$
*5. Parzystość lub nieparzystość: funkcja jest nieparzysta*

*6. Monotoniczność: funkcja nie jest monotoniczna w całym zbiorze określoności, jest natomiast monotoniczna w przedziałach:*

$$x \in \left(-\frac{\Pi}{2} + 2k\Pi\,; \frac{\Pi}{2} + 2k\Pi\right) \Rightarrow [\sin(x)]\uparrow$$

$$x \in \left(\frac{\Pi}{2} + 2k\Pi\,; \frac{3}{2}\Pi + 2k\Pi\right) \Rightarrow [\sin(x)]\downarrow$$

*(strzałki oznaczają czy funkcja rośnie czy maleje)*

*7. Znak funkcji:*

$$y > 0 \Leftrightarrow x \in (0 + 2k\Pi\,; \Pi + 2k\Pi)$$

$$y < 0 \Leftrightarrow x \in (-\Pi + 2k\Pi\,; 0 + 2k\Pi)$$

*8. Największa i najmniejsza wartość funkcji:*

*najmniejsza wartość funkcji y=-1 dla:* $x = -\frac{\Pi}{2} + 2k\Pi$

*największa wartość funkcji y=1 dla:* $x = \frac{\Pi}{2} + 2k\Pi$

*9. Osie symetrii wykresu:*

*osiami symetrii są proste o równaniu:* $x = \frac{\Pi}{2} + k\Pi$

*10. Środki symetrii wykresu:*

*środkami symetrii są punkty o współrzędnych:* $A(0 + k\Pi;0)$

**Ciekawostka:**

Funkcje sinus i cosinus są szczególnymi przypadkami harmonik. Harmoniki stosowane są w fizyce przy badaniu wszelkich zjawisk okresowych, np. drgań. Wiele z tych zjawisk, np. masa na sprężynie, wahadło przy niewielkim wychyleniu, obwód rezonansowy czy ruch oscylatora są opisane za pomocą funkcji sinus lub cosinus.[6]

[6] https://pl.wikipedia.org/wiki/Funkcje_trygonometryczne#Wykresy

### *3.2.13 WYKRES I WŁASNOŚCI FUNKCJI Y=COS(X)*

- **W Y K R E S:**

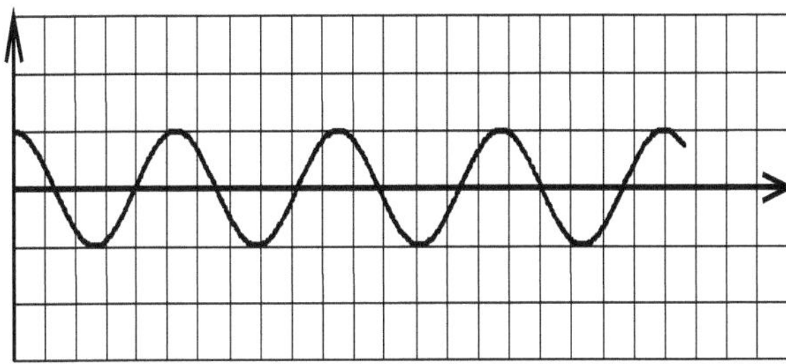

- **W Ł A S N O Ś C I:**

*1. Dziedzina funkcji: D=R*

*2. Zbiór wartości:* $y \in \langle -1;1 \rangle$

*3. Miejsca zerowe:* $x = \frac{\Pi}{2} + k\Pi \wedge k \in C$

*4.Okresowość funkcji: zasadniczym okresem funkcji jest:* $s = 2\Pi$

*5.Parzystość lub nieparzystość: funkcja jest parzysta*

*6. Monotoniczność: funkcja nie jest monotoniczna w całym zbiorze określoności, jest natomiast monotoniczna w przedziałach:*

$$x \in (-\Pi + 2k\Pi\,; 0 + 2k\Pi) \Rightarrow [\cos(x)] \uparrow$$

$$x \in (0 + 2k\Pi\,; \Pi + 2k\Pi) \Rightarrow [\cos(x)] \downarrow$$

*7. Znak funkcji:*

$$y > 0 \Leftrightarrow x \in \left( -\frac{\Pi}{2} + 2k\Pi\,; \frac{\Pi}{2} + 2k\Pi \right)$$

$$y < 0 \Leftrightarrow x \in \left( \frac{\Pi}{2} + 2k\Pi\,; \frac{3}{2}\Pi + 2k\Pi \right)$$

*8. Największa i najmniejsza wartość funkcji:*

*najmniejsza wartość funkcji y=-1 dla:* $x = \Pi + 2k\Pi$

*największa wartość funkcji y=1 dla:* $x = 0 + 2k\Pi$

9. *Osie symetrii wykresu:*

*osiami symetrii są proste o równaniu:* $x = 0 + k\Pi$

10. *Środki symetrii wykresu:*

*środkami symetrii są punkty o współrzędnych:* $A(\frac{\Pi}{2} + k\Pi, 0)$

## 3.2.14 WYKRES I WŁASNOŚCI FUNKCJI Y=TG(X)

- **W Y K R E S:**

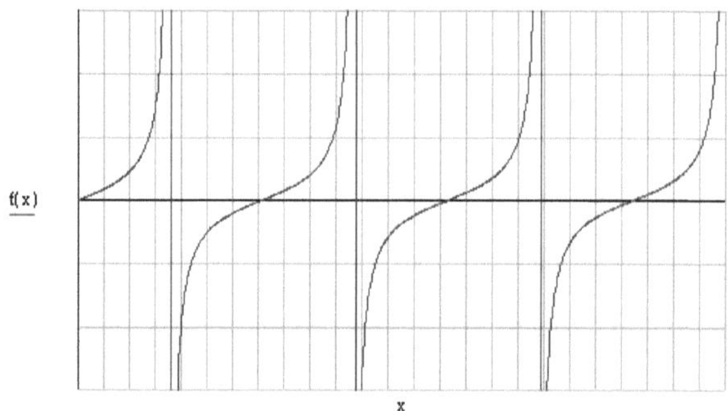


- **W Ł A S N O Ś C I:**

1. *Dziedzina funkcji:* $x \in R \setminus \left\{\frac{\Pi}{2} + k\Pi\right\} \wedge k \in C$

2. *Zbiór wartości:* $y \in (-\infty; \infty)$

3. *Miejsca zerowe:* $x = 0 + k\Pi$

4. *Okresowość funkcji: okresem zasadniczym funkcji jest* $s = \Pi$

5. *Parzystość lub nieparzystość: funkcja jest nieparzysta*

6. *Monotoniczność: funkcja nie jest monotoniczna w całym zbiorze określoności, natomiast jest rosnąca w przedziale:*

$$x \in \left(-\frac{\Pi}{2}+k\Pi\,;\frac{\Pi}{2}+k\Pi\right) \Rightarrow [\mathrm{tg}(x)]\uparrow$$

*7. Znak funkcji:*

$$y>0 \Leftrightarrow x \in \left(0+k\Pi\,;\frac{\Pi}{2}+k\Pi\right)$$

$$y<0 \Leftrightarrow x \in \left(-\frac{\Pi}{2}+k\Pi\,;0+k\Pi\right)$$

*8. Największa i najmniejsza wartość funkcji:*

*funkcja nie posiada najmniejszej i największej wartości*

*9. Osie symetrii wykresu: funkcja nie posiada osi symetrii.*

*10. Środki symetrii wykresu:*

*środkami symetrii są punkty o współrzędnych:* $A(0+k\frac{\Pi}{2};0)$

## *3.2.15 WYKRES I WŁASNOŚCI FUNKCJI Y=CTG(X)*

- **W Y K R E S:**

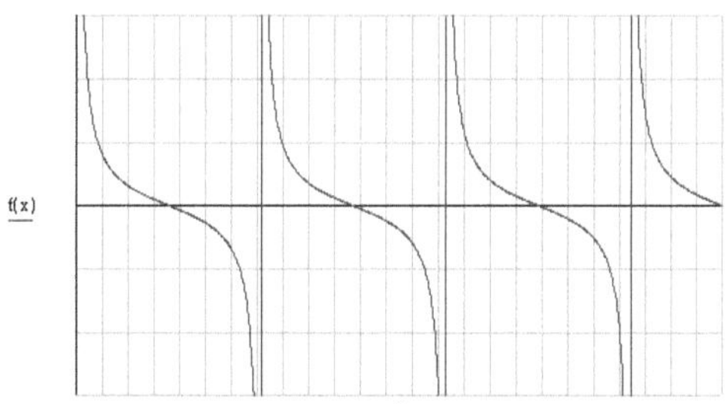


- **W Ł A S N O Ś C I:**

*1. Dziedzina funkcji:* $x \in R \setminus \{0+k\Pi\} \wedge k \in C$

*2. Zbiór wartości:* $y \in (-\infty;\infty)$

*3. Miejsca zerowe:* $x=\frac{\Pi}{2}+k\Pi$

*4. Okresowość funkcji: okresem zasadniczym funkcji jest* $s=\Pi$

*5. Parzystość lub nieparzystość: funkcja jest nieparzysta*

*6. Monotoniczność: funkcja nie jest monotoniczna w całym zbiorze określoności, natomiast jest malejąca w przedziale:*

$$x \in (-\Pi + k\Pi ; 0 + k\Pi) \Rightarrow [\text{ctg}(x)] \downarrow$$

*7. Znak funkcji:*

$$y > 0 \Leftrightarrow x \in \left(0 + k\Pi ; \frac{\Pi}{2} + k\Pi\right)$$

$$y < 0 \Leftrightarrow x \in \left(\frac{\Pi}{2} + k\Pi ; \Pi + k\Pi\right)$$

*8. Największa i najmniejsza wartość funkcji:*

*funkcja nie posiada najmniejszej i największej wartości*

*9. Osie symetrii wykresu: funkcja nie posiada osi symetrii.*

*10. Środki symetrii wykresu:*

*środkami symetrii są punkty o współrzędnych:* $A(\frac{\Pi}{2} + k\frac{\Pi}{2};0)$

### 3.2.16 FUNKCJE CYKLOMETRYCZNE

Żadna z czterech funkcji trygonometrycznych nie jest różnowartościowa, więc nie może być odwrócona. Dla każdej z nich można jednak zbiór wszystkich wartości argumentu "x" podzielić na przedziały monotoniczności, to jest na przedziały, w których funkcja rośnie bądź maleje, a tym samym jest różnowartościowa. Dla funkcji trygonometrycznych rozpatrywanych na takich przedziałach istnieją funkcje odwrotne, które nazywamy funkcjami cyklometrycznymi lub kołowymi.

Funkcją odwrotną do funkcji *y=sin(x)* jest funkcja *y=arc sin(x)* czytamy "arkus sinus", funkcją odwrotną do funkcji *y=cos(x)* jest funkcja *y=arc cos(x)* czytamy "arkus cosinus" itd.

Funkcje cyklometryczne bywają przydatne w sytuacjach, kiedy nie jesteśmy w stanie precyzyjnie określić kąta, dla którego funkcja otrzymuje zadaną wartość. Na przykład jeżeli szukamy kąta x, dla którego *sin(x)*=1/2, nietrudno jest stwierdzić, że $x = 30^0$, ale w sytuacji, kiedy szukamy kąta x takiego, że: *sin(x)*=0.29438, wystarczy użyć funkcji cyklometrycznych, aby otrzymać wynik: x = *arc sin (0.29438)*. W uproszczeniu zasada działania funkcji cyklometrycznych jest następująca:

$$\arcsin(\frac{1}{2}) = 30^0 \quad bo \quad \sin(30^0) = \frac{1}{2}$$

$$\arcsin\left(\frac{\sqrt{3}}{2}\right) = 60^0 \quad bo \quad \sin(60^0) = \frac{\sqrt{3}}{2}$$

$$\arcsin\left(\frac{\sqrt{2}}{2}\right) = 45^0 \quad bo \quad \sin(45^0) = \frac{\sqrt{2}}{2} \text{ itd.}$$

## *3.2.17 ZADANIA DO SAMODZIELNEGO ROZWIĄZANIA*

**Zadanie 15**

$Sin\alpha = 0{,}4$. Skonstruuj kąt $\alpha$ z pomocą cyrkla i linii.

**Zadanie 16**

$Cos\alpha = 0{,}4$. Skonstruuj kąt $\alpha$ z pomocą cyrkla i linii.

**Zadanie 17**

$\mathrm{tg}\,\alpha = 1{,}5$. Skonstruuj kąt $\alpha$ z pomocą cyrkla i linii.

**Zadanie 18**

$\mathrm{ctg}\,\alpha = 1{,}5$. Skonstruuj kąt $\alpha$ z pomocą cyrkla i linii.

**Zadanie 19**

Sporządź wykres funkcji: $y = 2\sin\left(x + \frac{\pi}{2}\right)$.

**Zadanie 20**

Sporządź wykres funkcji: $y = \sin\left(2x + \frac{\pi}{2}\right)$.

**Zadanie 21**

Sporządź wykres funkcji: $y = 2\cos\left(x + \frac{\pi}{2}\right)$.

**Zadanie 22**

Sporządź wykres funkcji: $y = \cos\left(2x + \frac{\pi}{2}\right)$.

**Zadanie 23**

Sporządź wykres funkcji: $y = 2\,tgx$.

**Zadanie 24**

Sporządź wykres funkcji: $y= tg\,2x$.

**Zadanie 25**

Sporządź wykres funkcji: $y = -\,sinx$.
Dla jakich x jest to funkcja rosnąca?

**Zadanie 26**

Wyznacz okres funkcji: $y = \sin 3x$.

**Zadanie 27**

Znając wartości funkcji trygonometrycznych kątów: 30°, 45°, 60°, oblicz: tg 15° + ctg 15°.

**Zadanie 28**

Znając wartości funkcji trygonometrycznych kątów: 30°, 45°, 60°, oblicz: sin 15° + tg30°· cos15°.

**Zadanie 29**

Oblicz: ctg (- 1920°).

**Zadanie 30**

Oblicz: cos (- 780° ).

**Zadanie 31**

Uprość wyrażenie:

$$\frac{\mathrm{tg}(\frac{\pi}{2}-\alpha)-\sin(\pi-\alpha)+\mathrm{ctg}(\pi-\alpha)}{\sin(\frac{\pi}{2}+\alpha)-\cos(2\pi+\alpha)-\cos(\pi-\alpha)}.$$

**Zadanie 32**

Uprość wyrażenie:

$$\frac{\sin(\frac{\pi}{2}-\alpha)-\cos(2\pi-\alpha)+\operatorname{tg}(\pi+\alpha)}{\cos(\frac{\pi}{2}-\alpha)-\operatorname{ctg}(2\pi-\alpha)-\sin(\pi-\alpha)}.$$

**Zadanie 33**

Sprowadź do postaci iloczynowej: $1 + \sin x$.

**Zadanie 34**

Sprowadź do postaci iloczynowej: $1 - \sin x + \cos x$.

**Zadanie 35**

Wyznacz dziedzinę funkcji: $f(x) = \sin\sqrt{x^3 - 3x + 2}$.

**Zadanie 36**

Oblicz sin x i cos x wiedząc, że tg x = -3 oraz $x \in (\pi/2\,;\pi)$.

NOTATKI

.......................................................................................................

.......................................................................................................

.......................................................................................................

.......................................................................................................

.......................................................................................................

.......................................................................................................

.......................................................................................................

## *3.3 FUNKCJA LINIOWA*

### *3.3.1 DEFINICJA*

**Funkcją liniową nazywamy funkcję postaci *Y=aX+b*, gdzie:** $x \in R$
**a - współczynnik kierunkowy**
**b - wyraz stały**

**Wykresem funkcji liniowej jest prosta.**
Dla przypomnienia: tangens kąta nachylenia wykresu funkcji do osi odciętych *X* jest równy współczynnikowi kierunkowemu tej prostej.

### *3.3.2 RÓWNANIE PROSTEJ*

#### *3.3.2.1 WSPÓŁCZYNNIK KIERUNKOWY PROSTEJ*

Niech będzie dany wykres funkcji liniowej *Y=aX* oraz dwa punkty należące do tego wykresu: *A* o współrzędnych $A(x_1,y_1)$ oraz *B* o współrzędnych $B(x_2,y_2)$. Niech *a* będzie współczynnikiem kierunkowym tej prostej.

Wtedy $a = tg\alpha = \dfrac{y_2 - y_1}{x_2 - x_1}$ ; $x_2 \neq x_1$

#### *3.3.2.2 RÓWNANIE PROSTEJ PRZECHODZĄCEJ PRZEZ DWA DANE PUNKTY*

$$y - y_1 = \frac{y_2 - y_1}{x_2 - x_1}(x - x_1)$$

#### *3.3.2.3 RÓWNANIE PROSTEJ PRZECHODZĄCEJ PRZEZ DANY PUNKT Z DANYM WSPÓŁCZYNNIKIEM KIERUNKOWYM*

$$y - y_1 = a(x - x_1)$$

#### *3.3.2.4 RÓWNANIE PROSTEJ NIE MAJĄCEJ WSPÓŁCZYNNIKA KIERUNKOWEGO*

Jest to prosta równoległa do osi rzędnych *Y,* a równanie tej prostej wygląda następująco: $x = x_0$.

#### *3.3.2.5 RÓWNANIE KIERUNKOWE PROSTEJ*

Jest to szczególny przypadek równania prostej przechodzącej przez dany punkt z danym współczynnikiem kierunkowym. Tym danym punktem jest punkt przecięcia prostej z osią rzędnych, o współrzędnych A(0,b).

Równanie wygląda następująco: y=ax+b

### 3.3.2.6 *WARUNEK RÓWNOLEGŁOŚCI PROSTYCH (POSTAĆ KIERUNKOWA)*

Niech będą dane dwie proste $l_1$ *i* $l_2$ o równaniach kierunkowych:

$$l_1: y = a_1 x + b_1 \quad l_2: y = a_2 x + b_2$$

Prosta $l_1$ jest równoległa do prostej $l_2$ wtedy i tylko wtedy, gdy $a_1 = a_2$.

### 3.3.2.7 *WARUNEK PROSTOPADŁOŚCI PROSTYCH (POSTAĆ KIERUNKOWA)*

Prosta $l_1$ jest prostopadła do prostej $l_2$ wtedy i tylko wtedy, gdy $a_2 = -\frac{1}{a_1}$.

### 3.3.2.8 *RÓWNANIE PROSTEJ W POSTACI OGÓLNEJ*

Równanie $Ax+By+C=0$, *gdzie* $A, B, C \in R$, jest równaniem prostej wtedy i tylko wtedy, gdy $A \neq 0 \vee B \neq 0$. Wektor $[A,B]$ jest wówczas wektorem prostopadłym do tej prostej.

### 3.3.2.9 *WARUNEK RÓWNOLEGŁOŚCI PROSTYCH (POSTAĆ OGÓLNA)*

Niech będą dane dwie proste $l_1$ *i* $l_2$ o równaniach ogólnych:

$$l_1: A_1 x + B_1 y + C_1 = 0$$
$$l_2: A_2 x + B_2 y + C_2 = 0$$

Proste te są równoległe wtedy i tylko wtedy, gdy: $A_1 \cdot B_2 - A_2 \cdot B_1 = 0$.

### 3.3.2.10 *WARUNEK PROSTOPADŁOŚCI PROSTYCH (POSTAĆ OGÓLNA)*

Proste te są prostopadłe wtedy i tylko wtedy, gdy: $A_1 \cdot A_2 + B_1 \cdot B_2 = 0$.

### 3.3.2.11 ODLEGŁOŚĆ PUNKTU OD PROSTEJ

Niech będzie dana prosta o równaniu: $Ax+By+C=0$ oraz punkt $P$ o współrzędnych: $P(x_0, y_0)$. Odległość punktu $P$ od prostej można obliczyć ze wzoru:

$$d = \frac{|Ax_0 + By_0 + C|}{\sqrt{A^2 + B^2}}$$

### 3.3.2.12 ODLEGŁOŚĆ MIĘDZY DWOMA PUNKTAMI (DŁUGOŚĆ ODCINKA)

Niech będą dane dwa punkty o współrzędnych $A(x_1, y_1)$ oraz $B(x_2, y_2)$. Odległość pomiędzy nimi, czyli długość odcinka AB, liczymy ze wzoru:

$$|AB| = \sqrt{(x_2 - x_1)^2 + (y_2 - y_1)^2}$$

## 3.3.3 RÓWNANIA LINIOWE Z JEDNĄ NIEWIADOMĄ

### 3.3.3.1 OKREŚLENIE RÓWNANIA LINIOWEGO

Równanie postaci: $ax+b=0$, gdzie $x$ uważamy za niewiadomą, $a$ oraz $b$ uważamy za stałe, nazywamy równaniem liniowym z jedną niewiadomą $x$.

### 3.3.3.2 ROZWIĄZANIE RÓWNANIA LINIOWEGO

Rozwiązać równanie liniowe $ax+b=0$ to znaczy znaleźć miejsca zerowe funkcji $y=ax+b$.

### 3.3.3.3 MIEJSCA ZEROWE FUNKCJI LINIOWEJ ( $y=ax+b$)

$$a \neq 0 \Rightarrow ax + b = 0 \Leftrightarrow x = -\frac{b}{a}$$

Y

Y=b

X

$$a = 0 \wedge b \neq 0 \Rightarrow 0x + b = 0 \Leftrightarrow x \in \varnothing$$

Y

Y=0 X

$$(a = 0 \wedge b = 0) \Rightarrow 0x + 0 = 0 \Leftrightarrow x \in R$$

## 3.3.4 *RÓWNANIA LINIOWE Z PARAMETREM*

Parametrami nazywamy litery, które w danym zadaniu oznaczają liczby dane. Ponieważ wiemy już, jak kształtuje się rozwiązalność równania liniowego w zależności od parametrów $a$ oraz $b$, prześledźmy to jeszcze raz na przykładzie:

$$3kx-2=3(x-k)\ ,\ D=R \quad (pamiętajmy\ o\ dziedzinie)$$

W równaniu tym parametrem jest $k$, natomiast niewiadomą x:

$$3kx-2=3x-3k \quad \rightarrow \quad 3kx-3x-2+3k=0 \quad \rightarrow \quad (3k-3)x+(3k-2)=0$$

Jest to równanie liniowe z jedną niewiadomą postaci:

$$ax+b=0 \ \ gdzie:\ a=3k-3 \ \ oraz \ \ b=3k-2$$

Przedyskutujmy zatem jego rozwiązalność w zależności od parametru $k$:

$$a \neq 0 \Leftrightarrow 3k-3 \neq 0 \Leftrightarrow k \neq 1 \qquad a \neq 0 \Leftrightarrow x = -\frac{b}{a} = \frac{-3k+2}{3k-3},$$

zatem dla $k \neq 1$ równanie ma jedno rozwiązanie.

Jeśli natomiast:

$$a=0 \Leftrightarrow 3k-3=0 \Leftrightarrow k=1 \quad k=1 \Rightarrow b=3\cdot 1-2=1\neq 0 \ \ dla\ \ k=1\ \ jest\ \ a=0 \wedge b\neq 0,$$

zatem równanie przybiera postać: $0x+b=0$.
Równanie to nie ma rozwiązania.

## 3.3.5 *NIERÓWNOŚCI LINIOWE Z JEDNĄ NIEWIADOMĄ*

### 3.3.5.1 *ZNAK FUNKCJI LINIOWEJ*

Prześledzimy, jakie wartości w zależności od współczynnika kierunkowego $a$ przyjmuje funkcja liniowa postaci: $y=ax+b$.

Jeżeli $a>0$, wtedy:

$$x \in \left(-\infty; -\frac{b}{a}\right) \Rightarrow y<0$$

$$x \in \left(-\frac{b}{a};\infty\right) \Rightarrow y > 0$$

Jeżeli $a<0$, wtedy:

$$x \in \left(-\infty;-\frac{b}{a}\right) \Rightarrow y > 0$$

$$x \in \left(-\frac{b}{a};\infty\right) \Rightarrow y < 0$$

### *3.3.5.2 ROZWIĄZANIE NIERÓWNOŚCI LINIOWEJ*

Rozwiązać nierówność liniową postaci $ax+b>0$ albo $ax+b<0$ to znaczy znaleźć takie przedziały, w których funkcja liniowa jest albo dodatnia albo ujemna.

**Przykład:**

Rozwiążmy nierówność postaci: $3x+1>x-2$.
Rozwiązanie nierówności polega na znalezieniu takich wartości $x$, dla których $3x+1-x+2>0$, czyli $2x+3>0$.
Miejscem zerowym rosnącej funkcji liniowej $y=2x+3$ jest $x=-3/2$, zatem rozwiązaniem nierówności są wszystkie $x$ większe od $-3/2$.
Praktycznie dochodzimy do tego w następujący sposób:

3x+1>x-2, czyli 3x-x>-3, czyli 2x>-3, czyli x>-3/2,

co na osi liczbowej zaznaczamy w następujący sposób:

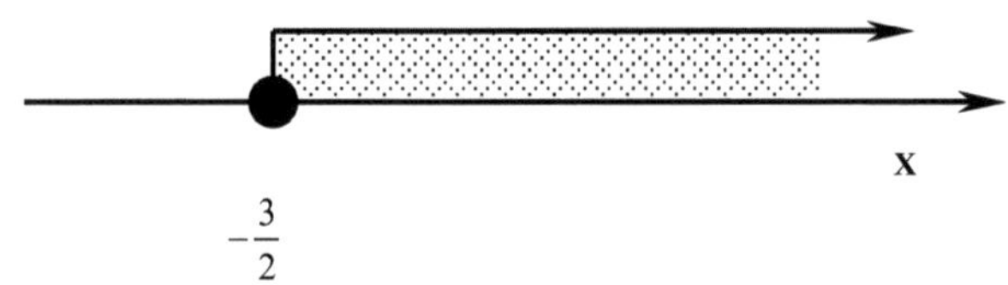


### *3.3.5.3 TWIERDZENIA O NIERÓWNOŚCIACH RÓWNOWAŻNYCH*

Poniższe twierdzenia pozwalają zrozumieć, jakie działania można przeprowadzać na nierównościach i otrzymać nierówności równoważne.

- **Jeżeli wyrażenia występujące po obu stronach nierówności zastąpimy wyrażeniami im równymi lub jeżeli do obu stron nierówności dodamy tą samą liczbę lub to samo wyrażenie, to otrzymamy nierówność równoważną danej.**

- **Jeżeli obie strony nierówności podzielimy lub pomnożymy przez tą samą liczbę dodatnią, to otrzymamy nierówność równoważną o tym samym zwrocie.**

- **Jeżeli obie strony nierówności podzielimy lub pomnożymy przez tą samą liczbę ujemną, to otrzymamy nierówność równoważną o przeciwnym zwrocie.**

### *3.3.6 PRZYPOMNIENIE WZORÓW SKRÓCONEGO MNOŻENIA*

- **KWADRAT DWUMIANU:**

$$(A+B)^2 = A^2 + 2AB + B^2$$

- **SZEŚCIAN DWUMIANU:**

$$(A+B)^3 = A^3 + 3A^2B + 3AB^2 + B^3 \qquad (A-B)^3 = A^3 - 3A^2B + 3AB^2 - B^3$$

- **ILOCZYN SUMY DWÓCH WYRAŻEŃ PRZEZ ICH RÓŻNICĘ:**

$$(A+B)(A-B) = A^2 - B^2$$

### *3.3.7 RÓWNANIA I NIERÓWNOŚCI LINIOWE Z DWIEMA NIEWIADOMYMI*

- Równanie liniowe z dwiema niewiadomymi jest to równanie postaci: $ax+by+c=0$.

- Wykresem równania liniowego $ax+by+c=0$ jest linia prosta (wzór: $ax+by+c=0$ możemy przedstawić w postaci $y=(-ax-c)/b$).

- Nierówność liniowa z dwiema niewiadomymi jest to nierówność postaci: $ax+by+c>0$ lub $ax+by+c<0$ oczywiście zamiast nierówności ostrych mogą też wystąpić nierówności nieostre.

- Rozwiązać nierówność liniową z dwiema niewiadomymi to znaczy znaleźć taki zbiór wartości zmiennych zależnych, aby spełniał on nierówność liniową.

**Przykład:**

$$x-y-2<0 \text{ czyli } -y<-x+2 \text{ czyli } y>x-2$$

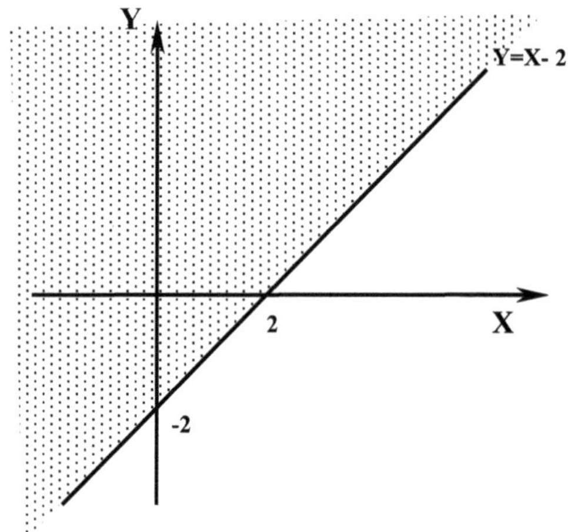


Rysujemy zatem wykres funkcji : $y=x-2$ oraz zaznaczamy na płaszczyźnie wszystkie $y$, które są większe (w tym przypadku ostro) od wartości zadanej funkcji.

Zwróćmy uwagę na różnicę pomiędzy nierównością liniową z jedną i z dwiema niewiadomymi. W pierwszym przypadku należało znaleźć przedział zmiennej niezależnej, dla którego wartości funkcji są dodatnie albo ujemne. W drugim przypadku należy pokazać (graficznie) zbiór wartości zmiennej $y$, który jest większy albo mniejszy od wartości pewnej funkcji zadanej nierównością liniową.

## *3.3.8 OGÓLNE WIADOMOŚCI O UKŁADACH RÓWNAŃ I NIERÓWNOŚCI*

**Zbiorem rozwiązań układu równań albo układu nierówności albo układu równania i nierówności jest iloczyn (wspólna część) zbiorów ich rozwiązań.**[7]

**Przykład:**

$$\begin{cases} x-y>2 \\ x+y=4 \end{cases} \Leftrightarrow \begin{cases} y<x-2 \\ y=-x+4 \end{cases}$$

Rozwiązanie zaznaczamy na rysunku:

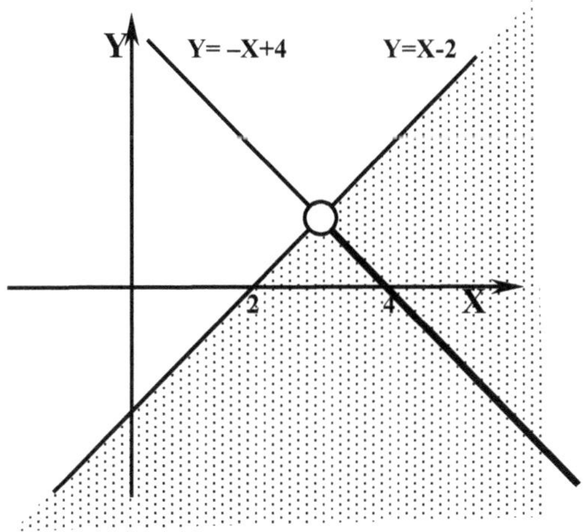


Rozwiązaniem jest półprosta zaznaczona grubszą linią, która to jest częścią wspólną równania i nierówności zapisanej powyżej.
Dla pewności przypomnijmy, że punkty na prostej $y=x-2$ nie należą do zbioru punktów, które są rozwiązaniem nierówności: $y<x-2$.

---

[7] Podane definicje czy rodzaje układów równań i nierówności dotyczą wszelkich funkcji i zbiorów, nie tylko równań i nierówności liniowych.

### *3.3.8.1 UKŁADY RÓWNAŃ NIEZALEŻNYCH, ZALEŻNYCH I SPRZECZNYCH*

- *Układ równań sprzecznych jest to układ równań, którego zbiorem rozwiązań jest zbiór pusty.*

**Przykład:**

$$\begin{cases} y = x + 2 \\ y = x \end{cases}$$

Są to dwie proste nieprzecinające się, czyli nie mające części wspólnej, a zatem nie ma również rozwiązania układu tych dwóch równań.

- *Układ równań zależnych jest to układ równań, który posiada nieskończenie wiele rozwiązań.*

**Przykład:**

$$\begin{cases} y - x = 0 \\ -2y + 2x = 0 \end{cases}$$

Po przekształceniu oba równania przedstawiają tą samą prostą, a zatem wszystkie punkty należące do tych prostych są wspólne.

- *Układ równań niezależnych jest to układ równań, który posiada dokładnie jedno rozwiązanie.*

**Przykład:**

$$\begin{cases} y = x \\ y = -x + 3 \end{cases}$$

Podany układ przedstawia dwie proste przecinające się oraz dające dokładnie jedno rozwiązanie.

### *3.3.8.2 ROZWIĄZYWANIE UKŁADÓW RÓWNAŃ LINIOWYCH*

Przypomnijmy na przykładzie dwie znane nam metody rozwiązywania układów równań liniowych z dwiema niewiadomymi:

- **METODA PODSTAWIANIA:**

$$\begin{cases} 3x+2y=-1 \\ x-y=3 \end{cases} \Leftrightarrow \begin{cases} 3(3+y)+2y=-1 \\ x=3+y \end{cases} \Leftrightarrow \begin{cases} 9+5y=-1 \\ x=3+y \end{cases} \Leftrightarrow \begin{cases} y=-2 \\ x=1 \end{cases}$$

- **METODA DODAWANIA RÓWNAŃ STRONAMI (METODA PRZECIWNYCH WSPÓŁCZYNNIKÓW):**

$$\begin{cases} 3x+2y=-1 \\ x-y=3 \ |\cdot 2 \end{cases} \Leftrightarrow \begin{cases} 3x+2y=-1 \\ \underline{2x-2y=6} \\ 5x=5 \end{cases} \Leftrightarrow \begin{cases} 3x+2y=-1 \ |\cdot 2 \\ x-y=3 \ |\cdot(-6) \end{cases} \Leftrightarrow \begin{cases} 6x+4y=-2 \\ \underline{-6x+6y=-18} \\ 10y=-20 \end{cases} \Leftrightarrow \begin{cases} x=1 \\ y=-2 \end{cases}$$

Układ równań liniowych można również rozwiązać metodą wyznaczników (metodą Cramera). Oto schemat zastosowania tej metody:

- **METODA WYZNACZNIKÓW (W - wyznacznik układu równań):**

Niech będzie dany układ równań: $\begin{cases} a_1x+b_1y=c_1 \\ a_2x+b_2y=c_2 \end{cases}$.

Wówczas:

$$W=\begin{vmatrix} a_1 & b_1 \\ a_2 & b_2 \end{vmatrix}=a_1\cdot b_2-a_2\cdot b_1 \quad W_x=\begin{vmatrix} c_1 & b_1 \\ c_2 & b_2 \end{vmatrix}=c_1b_2-c_2b_1 \quad W_y=\begin{vmatrix} a_1 & c_1 \\ a_2 & c_2 \end{vmatrix}=a_1c_2-a_2c_1$$

Jeżeli $W\neq 0$, to mamy układ równań niezależnych, którego rozwiązaniem jest para liczb: $\begin{cases} x=\frac{W_x}{W} \\ y=\frac{W_y}{W} \end{cases}$.

Jeżeli $[W=0 \wedge (W_x=W_y=0)]$, to mamy układ równań zależnych (nieskończenie wiele rozwiązań).
Jeżeli $[W=0 \wedge (W_x\neq 0 \vee W_y\neq 0)]$, to mamy układ równań sprzecznych (brak rozwiązań).

### *3.3.9 PODSUMOWANIE*

Rozwiążmy następujące równanie: $2|x|-|x-1|=2$

Korzystając z definicji wartości bezwzględnej równanie to zapisujemy jako alternatywę (sumę logiczną) trzech układów równań, mianowicie:

$$\begin{cases} x \in (-\infty;0) \\ -2x - [-(x-1)] = 2 \end{cases} \vee \begin{cases} x \in < 0;1) \\ 2x - [-(x-1)] = 2 \end{cases} \vee \begin{cases} x \in < 1;\infty) \\ 2x - (x-1) = 2 \end{cases}$$

Rozwiązując każde z równań otrzymujemy:

$$\begin{cases} x \in (-\infty;0) \\ x = -3 \end{cases} \vee \begin{cases} x \in < 0;1) \\ x = 1 \end{cases} \vee \begin{cases} x \in < 1;\infty) \\ x = 1 \end{cases}$$

Jak widzimy w drugim przypadku, rozwiązaniem układu równań jest zbiór pusty, ponieważ otrzymany wynik równania cząstkowego nie należy do przedziału, o który opieraliśmy nasze rozumowanie (wartość bezwzględna). Ostatecznym rozwiązaniem badanego równania jest suma rozwiązań układów równań, czyli para liczb $\{-3\ ;\ 1\}$, co symbolicznie możemy zapisać w postaci:

$$\{x \in R : 2|x| - |x-1| = 2\} = \{-3;1\}.$$

## *3.3.10 ZADANIA DO SAMODZIELNEGO ROZWIĄZANIA*

**Zadanie 37**

Sporządź wykres funkcji: $y = \left||x+1| - 2\right|$.

**Zadanie 38**

Rozwiąż nierówność: $|3 - x| > 1$.

**Zadanie 39**

Zwiększając pewną liczbę naturalną o 1 zwiększamy ją mniej niż o $8{,}5\%$. Zmniejszając zaś tę liczbę o 2, zmniejszamy ją o więcej niż $16{,}5\%$. Wyznacz tę liczbę.

**Zadanie 40**

Andrzej ma 16 lat , to jest dwa razy tyle, ile Jurek miał lat wtedy, kiedy Andrzej miał tyle lat, ile Jurek ma teraz. Ile lat ma Jurek?

**Zadanie 41**

Dla jakich wartości parametru $b$ rozwiązaniem układu:

$\begin{cases} bx - 2y = 1 \\ 2x + by = 2 \end{cases}$ jest para liczb dodatnich?

**Zadanie 42**

Dla jakich wartości parametru $m$ rozwiązanie układu równań

$\begin{cases} 3x + my = 1 \\ 3x + 2y = m \end{cases}$ jest parą liczb ujemnych?

**Zadanie 43**

Dla jakich wartości parametru $m$ punkt przecięcia prostych:

$x - y = m, \ 2x + y = 1 + m$

należy do pierwszej ćwiartki układu współrzędnych?

**Zadanie 44**

Dana jest prosta o równaniu: $2x+3y+6 =0$. Napisz równanie tej prostej w postaci kierunkowej i odcinkowej.

**Zadanie 45**

Napisz równanie prostej przechodzącej przez punkty: $A = (0,0)$ i $B = (3,4)$.

**Zadanie 46**

Przez punkt $A= (4,6)$ poprowadź prostą odcinającą na osiach współrzędnych odcinki jednakowej długości.

**Zadanie 47**

Punkty: $A = (1, -1)$, $B = (3,5)$, $C = (-7, 11)$ są wierzchołkami trójkąta ABC. Znajdź równania jego boków.

**Zadanie 48**

Dane są równania dwóch środkowych trójkąta: $4x + 5y = 0$ oraz $x - 3y =0$, a także wierzchołek $A = (2,-5)$. Znajdź równania boków i pozostałe wierzchołki.

**Zadanie 49**

Dla jakich wartości parametrów $a$ i b proste o równaniach:
$ax - 4y + b = 0$ oraz $4x - ay + 1 = 0$ są równoległe, a dla jakich prostopadłe?

**Zadanie 50**

Dane są dwie proste o równaniach: $2x - 3y + 5 = 0$ i $x - 1 = 0$.
Jaki warunek powinny spełniać współczynniki $a$ i $b$, aby prosta o równaniu: $ax + by + 1 = 0$ przechodziła przez punkt przecięcia danych prostych?

**Zadanie 51**

Dla jakiej wartości parametru $m$ proste:
$(m-1)x + my - 5 = 0$ i $mx + (2m-1)y - 10 = 0$
przecinają się w punkcie leżącym na osi OX?

**Zadanie 52**

Dane są dwie proste:
$l_1$: $kx + y - 2 = 0$, $l_2$: $(2k + 1)x + ky = 0$.
Dla jakich wartości parametru $k$ proste $l_1$ i $l_2$ są prostopadłe?

**Zadanie 53**

Znajdź współrzędne punktu A' będącego rzutem równoległym punktu A(1,3) na prostą: $y = 2x - 1$ w kierunku prostej:
$x - 2y + 3 = 0$.

**Zadanie 54**

Mając dany odcinek jednostkowy skonstruuj odcinki o długościach: $\sqrt{2}, \sqrt{3}, \sqrt{5}$.

**Zadanie 55**

Z pomocą cyrkla i linii wykonaj podział danego odcinka na trzy części w stosunku 2 : 5 : 7.

**Zadanie 56**

Z pomocą cyrkla i linii poprowadź prostą prostopadłą do danej prostej.

**Zadanie 57**

Z pomocą cyrkla i linii podziel odcinek na cztery równe części.

NOTATKI

.............................................................................................

.............................................................................................

# 3.4 FUNKCJA KWADRATOWA

## 3.4.1 JEDNOMIAN DRUGIEGO STOPNIA (KWADRATOWY)

### 3.4.1.1 WŁASNOŚCI FUNKCJI: $y = ax^2$ , $a > 0$ , $x \in R$

*1. D=R (dziedzina)*

*2.* $D^{-1} = R^+ \cup \{0\}$ *(przeciwdziedzina, zbiór wartości)*

*3. Miejsce zerowe x=0*

*4. Funkcja nie jest monotoniczna w całym zbiorze określoności, jest natomiast monotoniczna w przedziałach:*

$$x \in (-\infty;0) \Rightarrow f(x)\downarrow$$

$$x \in (0;\infty) \Rightarrow f(x)\uparrow$$

*5. Funkcja jest parzysta:*

$$\bigwedge_{x \in R} -x \in R \wedge f(-x) = f(x) \quad bo \quad a(-x)^2 = ax^2$$

*6. Zachowanie się funkcji w nieskończoności:*

$$(x \to -\infty) \Rightarrow (y \to \infty)$$

$$(x \to \infty) \Rightarrow (y \to \infty)$$

(pozioma strzałka oznacza: dąży, zmierza)

*7. Funkcja posiada najmniejszą wartość: y=0 dla x=0.*

*8. Funkcja nie posiada największej wartości.*

*9. Punkt o współrzędnych ( 0 ; 0 ) jest wierzchołkiem wykresu (paraboli).*

### *3.4.1.2 WŁASNOŚCI FUNKCJI:* $y = ax^2$ , $a < 0$ , $x \in R$

*1. D=R*

2. $D^{-1} = R^{-} \cup \{0\}$

*3. Miejsce zerowe: x=0*

*4. Funkcja nie jest monotoniczna w całym zbiorze określoności, jest natomiast monotoniczna w przedziałach:*

$$x \in (-\infty;0) \Rightarrow f(x) \uparrow$$

$$x \in (0;\infty) \Rightarrow f(x) \downarrow$$

*5. Funkcja jest parzysta.*

*6. Zachowanie się funkcji w nieskończoności:*

$$(x \to -\infty) \Rightarrow (y \to -\infty)$$

$$(x \to \infty) \Rightarrow (y \to -\infty)$$

*7. Funkcja posiada największą wartość: y=0 dla x=0.*

*8. Funkcja nie posiada najmniejszej wartości.*

*9. Punkt o współrzędnych (0;0) jest wierzchołkiem wykresu (paraboli).*

## *3.4.2 TRÓJMIAN DRUGIEGO STOPNIA (KWADRATOWY)*

### *3.4.2.1 POSTAĆ KANONICZNA TRÓJMIANU KWADRATOWEGO*

$$T_{\vec{U}_{[p,q]}} \left[y = ax^2\right] = \left[y = a(x-p)^2 + q\right]$$

Wykresem trójmianu kwadratowego jest również parabola, lecz przesunięta w stosunku do paraboli będącej wykresem jednomianu kwadratowego o pewien wektor.

### *3.4.2.2 OGÓLNA POSTAĆ TRÓJMIANU KWADRATOWEGO*

Trójmianem kwadratowym w postaci ogólnej nazywamy funkcję:

$$y = ax^2 + bx + c \quad gdzie \quad a \neq 0 \wedge x \in R$$

Wyrażenie : $\Delta = b^2 - 4ac$ nazywamy **wyróżnikiem trójmianu kwadratowego.**

### 3.4.2.3 SPROWADZENIE TRÓJMIANU W POSTACI OGÓLNEJ DO TRÓJMIANU W POSTACI KANONICZNEJ

$y = ax^2 + bx + c \ , \ a \neq 0$
$y = a(x - p)^2 + q \ , \ a \neq 0$

Zatem:

$$a(x-p)^2 + q = ax^2 + bx + c \Leftrightarrow ax^2 - 2xpa + ap^2 + q = ax^2 + bx + c \Leftrightarrow -2apx + ap^2 + q = bx + c$$

Ponieważ dwa wyrażenia są sobie równe wtedy i tylko wtedy, gdy odpowiednie współczynniki przy zmiennych są sobie równe, zatem:

$$\begin{cases} -2ap = b \ |:(-2a) \\ ap^2 + q = c \end{cases} \Leftrightarrow \begin{cases} p = -\dfrac{b}{2a} \\ a(-\dfrac{b}{2a})^2 + q = c \end{cases} \Leftrightarrow \begin{cases} p = -\dfrac{b}{2a} \\ q = c - \dfrac{b^2}{4a} \end{cases} \Leftrightarrow \begin{cases} p = -\dfrac{b}{2a} \\ q = \dfrac{-(b^2 - 4ac)}{4a} \end{cases} \Leftrightarrow \begin{cases} p = -\dfrac{b}{2a} \\ q = -\dfrac{\Delta}{4a} \end{cases}$$

Ostatecznie: $y = a\left(x + \dfrac{b}{2a}\right)^2 - \dfrac{\Delta}{4a}$. Postać tą nazywamy **postacią kanoniczną trójmianu kwadratowego.**
Postać kanoniczna ma wiele zastosowań w zadaniach, również praktycznych, dlatego zapamiętanie jej i mechanizmu jej powstawania jest bardzo istotne. W tym celu omówmy przykład.

**Przykład:**
Trójmian dany w postaci ogólnej : $y = 2x^2 + 4x + 3$ zapiszmy w postaci kanonicznej.

$$\begin{cases} a = 2 \\ b = 4 \\ c = 3 \end{cases} \Leftrightarrow \Delta = 4^2 - 4 \cdot 2 \cdot 3 \Leftrightarrow \Delta = -8$$

Postać kanoniczna to $y = a(x-p)^2 + q$, więc wykorzystując powyższe informacje i znane wzory mamy:

$$\begin{cases} p = -\dfrac{b}{2a} = -\dfrac{4}{4} = -1 \\ q = -\dfrac{\Delta}{4a} = \dfrac{8}{8} = 1 \end{cases} \Leftrightarrow y = 2(x+1)^2 + 1$$

### *3.4.2.4 MIEJSCA ZEROWE TRÓJMIANU KWADRATOWEGO*

- **Miejscem zerowym trójmianu kwadratowego nazywamy jego pierwiastki, czyli liczby, dla których trójmian osiąga wartość 0.**

- *Wzory na obliczanie pierwiastków trójmianu kwadratowego*

Trójmian kwadratowy może mieć co najwyżej dwa pierwiastki rzeczywiste. Liczba pierwiastków zależy od znaku wyróżnika. Prześledźmy mechanizm obliczania pierwiastków trójmianu.

Zapiszmy trójmian kwadratowy w postaci kanonicznej wykorzystując wzory na współrzędne wierzchołka paraboli:

$$y = a\left[\left(x+\frac{b}{2a}\right)^2 - \frac{\Delta}{4a^2}\right]$$

$\Delta > 0 \Rightarrow$ *trójmian posiada dwa różne pierwiastki*

$$y=0 \Leftrightarrow a\left[\left(x+\frac{b}{2a}\right)^2 - \frac{\Delta}{4a^2}\right]=0 \;|:a \Leftrightarrow \left(x+\frac{b}{2a}\right)^2 - \frac{\Delta}{4a^2}=0 \Leftrightarrow$$

$$\Leftrightarrow \left(x+\frac{b}{2a}\right)^2 - \left(\sqrt{\frac{\Delta}{4a^2}}\right)^2 = 0 \Leftrightarrow \left(x+\frac{b}{2a}\right)^2 - \left(\frac{\sqrt{\Delta}}{2a}\right)^2 \Leftrightarrow$$

$$\Leftrightarrow \left(x+\frac{b}{2a}+\frac{\sqrt{\Delta}}{2a}\right)\cdot\left(x+\frac{b}{2a}-\frac{\sqrt{\Delta}}{2a}\right)=0 \Leftrightarrow x+\frac{b}{2a}+\frac{\sqrt{\Delta}}{2a}=0 \vee x+\frac{b}{2a}-\frac{\sqrt{\Delta}}{2a}=0 \Leftrightarrow$$

$$\Leftrightarrow x=\frac{-b-\sqrt{\Delta}}{2a} \vee x=\frac{-b+\sqrt{\Delta}}{2a}$$

$\Delta = 0 \Rightarrow$ *trójmian posiada jeden pierwiastek dwukrotny*

$$y=0 \Leftrightarrow a\left(x+\frac{b}{2a}\right)^2=0 \;|:a \Leftrightarrow \left(x+\frac{b}{2a}\right)\cdot\left(x+\frac{b}{2a}\right)=0 \Leftrightarrow x=-\frac{b}{2a} \vee x=-\frac{b}{2a}$$

$\Delta < 0 \Rightarrow$ *trójmian nie posiada pierwiastków*

$$\bigwedge_{x\in R} a\left[\left(x+\frac{b}{2a}\right)^2 - \frac{\Delta}{4a^2}\right]\neq 0$$

### *3.4.2.5 ROZKŁAD TRÓJMIANU KWADRATOWEGO NA CZYNNIKI LINIOWE*

Trójmian kwadratowy $y = ax^2 + bx + c$, *gdzie* $a \neq 0$, można rozłożyć na czynniki liniowe wtedy i tylko wtedy, gdy $\Delta = 0 \vee \Delta > 0$:

Dla $\Delta > 0$ $ax^2 + bx + c = a(x - x_1)(x - x_2)$, gdzie $x_1$, $x_2$ są pierwiastkami trójmianu.

Dla $\Delta = 0$ $ax^2 + bx + c = a(x - x_0)^2 = a(x - x_0)(x - x_0)$, gdzie $x_0$ jest pierwiastkiem trójmianu.

Czynnik "$x - x_0$" występuje dwa razy, dlatego mówimy, że $x_0$ jest pierwiastkiem dwukrotnym (podwójnym) trójmianu kwadratowego, gdy $\Delta = 0$.

### *3.4.2.6 SZKICOWANIE WYKRESU TRÓJMIANU KWADRATOWEGO*

- Jeżeli a>0, to wierzchołek wykresu jest najniższym punktem paraboli.
- Jeżeli a<0, to wierzchołek wykresu jest najwyższym punktem paraboli.
- Miejsca zerowe trójmianu kwadratowego:

Najpierw liczymy wyróżnik, następnie sprawdzamy, czy jest dodatni, równy zero czy ujemny. W zależności od znaku wyróżnika trójmian ma dwa, jeden lub nie ma pierwiastków.

- Współrzędne wierzchołka wykresu: $\begin{cases} X_w = p = -\dfrac{b}{2a} \\ Y_w = q = -\dfrac{\Delta}{4a} \end{cases}$
- Punkt przecięcia wykresu z osią OY: A (0,c)

**Przykład:**

Narysujmy wykres trójmianu $y = x^2 - 5x + 6$ → *(a=1 b=-5 c=6)*

ad.1 Ponieważ a=1>0, wierzchołek jest najniższym punktem wykresu;

ad.2 $\Delta = 25 - 24 = 1 > 0$, zatem są dwa miejsca zerowe $\mapsto \begin{cases} x_1 = 2 \\ x_2 = 3 \end{cases}$

ad.3 $X_w = p = 2{,}5$ $Y_w = q = -0{,}25$

ad.4 *A (0,6)*

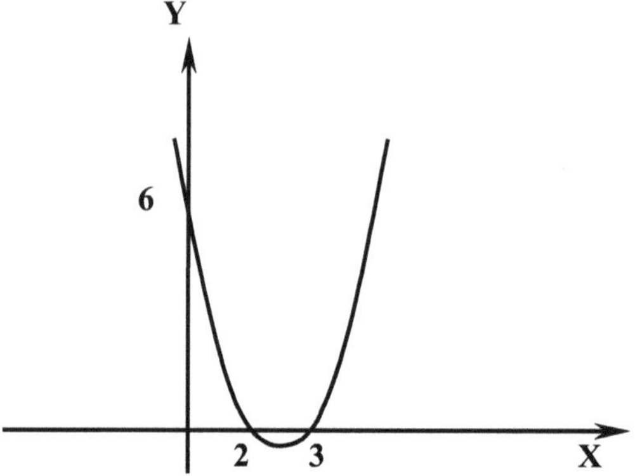


### *3.4.2.7 RÓWNANIA KWADRATOWE*

**Równaniem drugiego stopnia (kwadratowym) nazywamy równanie postaci:**

$ax^2 + bx + c = 0$ , $a \neq 0$.

Rozwiązać równanie kwadratowe to znaczy znaleźć miejsca zerowe odpowiedniego trójmianu.

- Rozwiązania równania kwadratowego:

W zależności od znaku wyróżnika mogą być dwa rozwiązania (wyróżnik dodatni), jedno (wyróżnik równy 0) lub może nie być rozwiązań w ogóle (wyróżnik ujemny).

### *3.4.2.8 NIERÓWNOŚCI KWADRATOWE*

Rozwiązać nierówność kwadratową: $ax^2 + bx + c < 0$ albo $ax^2 + bx + c > 0$ $a \neq 0$ to znaczy znaleźć te wartości argumentu funkcji $y = ax^2 + bx + c$ $a \neq 0$, dla których trójmian przyjmuje wartości ujemne albo dodatnie (podobnie jak przy równaniach liniowych).

**Przykład:**
Rozwiążmy nierówność kwadratową: $x^2 - 10x + 21 < 0$ , $x \in R$

Obliczamy wyróżnik: $\Delta = 100 - 84 = 16$, $\sqrt{\Delta} = 4 \Leftrightarrow \begin{cases} x_1 = \frac{10-4}{2} = 3 \\ x_2 = \frac{10+4}{2} = 7 \end{cases}$

Ponieważ $a=1>0$, zatem wierzchołek leży w najniższym punkcie wykresu (funkcja „uśmiecha się") i uproszczony wykres wygląda następująco:

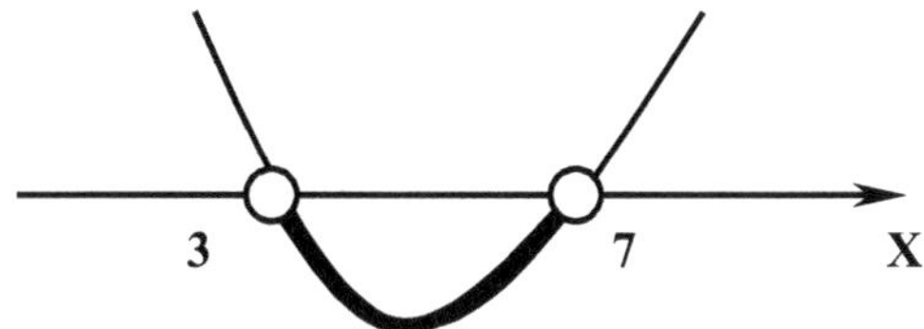


Funkcja przyjmuje wartości ujemne dla argumentów z przedziału: $x \in (3;7)$.

Rozwiązanie możemy zapisać w postaci: $\{x \in R : x^2 - 10x + 21 < 0\} = (3;7)$.

Wszystkie inne nierówności należy rozwiązywać w podobny sposób, zwracając zawsze uwagę na znak współczynnika *a* (dodatni – funkcja „uśmiecha się", ujemny – funkcja „smutna") oraz znajdując pierwiastki trójmianu zadanego w nierówności.

**Przykład:**

$$-2x^2 + x + 3 \leq 0 \wedge x \in R \Leftrightarrow \left(\Delta = 25 \mapsto \sqrt{\Delta} = 5\right) \Rightarrow \begin{cases} x_1 = 1.5 \\ x_2 = -1 \end{cases}$$

Wykres:

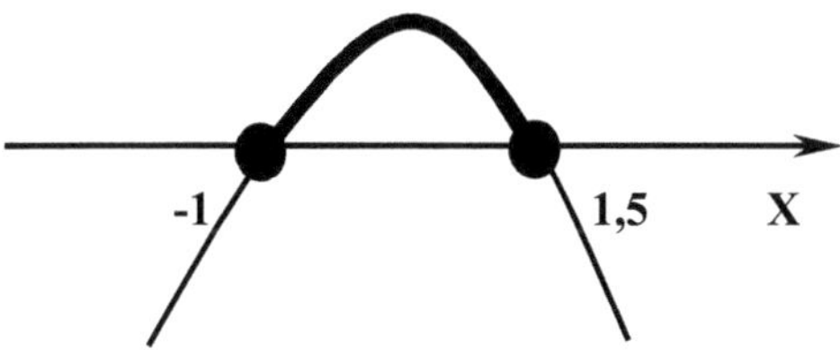


Rozwiązaniem tym razem jest suma dwóch przedziałów:

$$(-\infty;-1> \cup <1,5;\infty) = \{x \in R: -2x^2 + x + 3 \leq 0\}$$

**Przykład:**

$$x^2+2x+4<0 \wedge x\in R \Leftrightarrow \Delta=-12 \Leftrightarrow x\in\varnothing$$

Wykres:

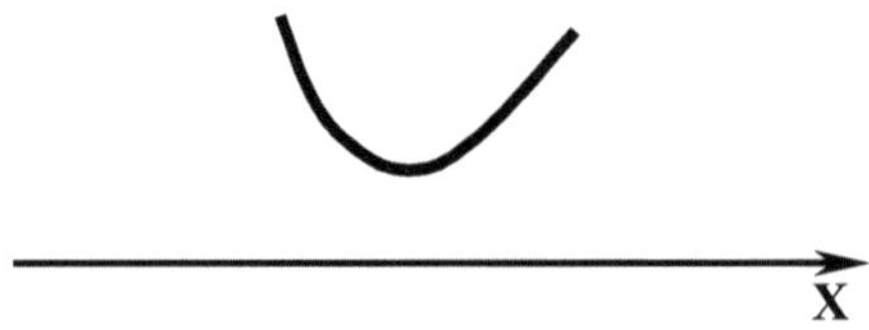


### *3.4.2.9 WZORY VIETE'A (WIETA)*

Jeżeli $a\neq 0$ oraz $x_1$, $x_2$ są pierwiastkami trójmianu $y=ax^2+bx+c$,

to zachodzą następujące związki: $\begin{cases} x_1+x_2=-\frac{b}{a} \\ x_1\cdot x_2=\frac{c}{a} \end{cases}$.

## *3.4.3 ZADANIA DO SAMODZIELNEGO ROZWIĄZANIA*

**Zadanie 58**

Dla jakich wartości parametru *m* funkcja $y = x^2 - mx + 1$ przyjmuje tylko dodatnie wartości?

**Zadanie 59**

Dla jakich wartości parametru *m* funkcja $f(x) = (m - 1)x^2 + (m - 1)x + m$ przyjmuje tylko wartości ujemne?

**Zadanie 60**

Znajdź najmniejszą wartość trójmianu kwadratowego $y = 2x^2 + x + 1$.

**Zadanie 61**

Dla jakich wartości *k* suma kwadratów pierwiastków równania: $x^2+(k-3)x+k-5=0$ jest najmniejsza?

**Zadanie 62**

Wyznacz *p* tak, aby jeden z pierwiastków równania $x^2-\frac{15}{4}x+p^3=0$ był kwadratem drugiego pierwiastka.

**Zadanie 63**

Dla jakich wartości parametru $a$, dwa różne pierwiastki rzeczywiste równania $\frac{x+1}{2x+1}-\frac{2x-1}{x-1}=a$ mają jednakowe znaki?

**Zadanie 64**

W jakich granicach powinien zmieniać się parametr $m$, aby obydwa pierwiastki równania $x^2-2mx+m^2-1=0$ były zawarte między –2 i 4?

**Zadanie 65**

Dla jakich wartości liczbowych $a$ równanie $x^2+2ax\sqrt{a^2-3}+4=0$ ma jeden pierwiastek podwójny?

**Zadanie 66**

Dla ilu całkowitych wartości parametru $k$ pierwiastki równania $x^2-kx-2k^2-1=0$ są mniejsze od 10?

**Zadanie 67**

Niech $p(a)$ będzie liczbą pierwiastków rzeczywistych równania $(a+2)x^2+6ax+4a-1=0$, gdzie liczba rzeczywista $a$ jest parametrem. Sporządź wykres funkcji $p$.

**Zadanie 68**

Zbadaj ilość pierwiastków równania $|4x^2-4x-3|=m$ w zależności od parametru $m$. Podaj graficzną ilustrację rozwiązania.

**Zadanie 69**

Dla jakich wartości $m$ nierówność $4mx^2+4(m+2)x-1<0$ jest spełniona dla każdego $x$?

**Zadanie 70**

Dla jakich wartości parametru k zbiorem wartości funkcji $f(x)=(k-4)x^2-(2-k)x+0{,}5k+1$ jest $<1\frac{1}{4};\infty)$?

**Zadanie 71**

Oblicz sumę kwadratów pierwiastków równania $x^2 + px + q = 0$.

**Zadanie 72**

Oblicz współczynniki trójmianu $y = ax^2 + bx + c$, jeśli do jego wykresu należy punkt A(5,5) i $y_{min} = 1$ dla x = 3.

**Zadanie 73**

Oblicz współczynniki trójmianu $y = ax^2 + bx + c$, jeżeli do jego wykresu należy punkt A(3,0) i $y_{max} = 12$ dla x = 1.

**Zadanie 74**

Dla jakich wartości parametru *m* suma odwrotności pierwiastków równania $3x^2 - mx + 2 - m = 0$ jest dodatnia?

**Zadanie 75**

Zbadaj ilość pierwiastków równania $mx^2 - 3x + m = 0$ w zależności od parametru *m*.

**Zadanie 76**

Zbadaj ilość pierwiastków równania $mx^2 + mx = 3x^2 + 1$ w zależności od parametru *m*.

**Zadanie 77**

Narysuj wykres funkcji $y = |x^2 - x - 6|$. Ustal, w zależności od parametru *k*, ilość rozwiązań równania $|x^2 - x - 6| = k$.

**Zadanie 78**

Rozwiąż nierówność $|x+1| + |x-1| \geq x^2$.

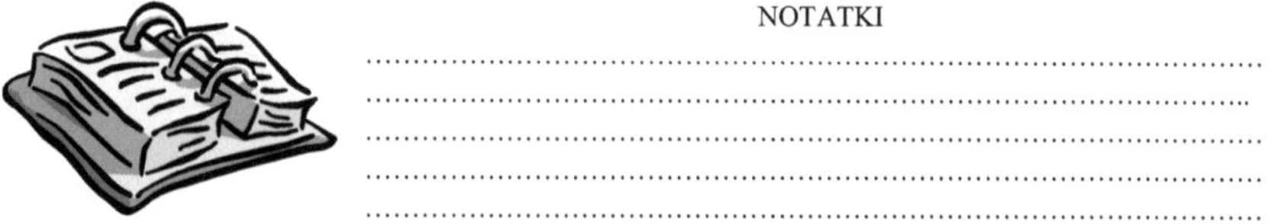

NOTATKI

...........................................................................................

...........................................................................................

...........................................................................................

...........................................................................................

...........................................................................................

# 4. PODSTAWY ALGEBRY I ANALIZY MATEMATYCZNEJ

## 4.1 GEOMETRIA ANALITYCZNA

### 4.1.1 KOŁO

Weźmy pod uwagę koło o promieniu R i środku w punkcie S(a,b).Każdy punkt P(x,y) leżący na okręgu tego koła jest odległy od środka S(a,b) o promień R, zatem współrzędne tego punktu spełniają warunek:

$$\sqrt{(x-a)^2+(y-b)^2}=R \Leftrightarrow (x-a)^2+(y-b)^2=R^2$$

Warunku tego nie spełniają współrzędne żadnego punktu nie leżącego na okręgu danego koła, bo wtedy odległość od środka S(a,b) jest mniejsza lub większa od R. Powyższe równanie nazywamy równaniem okręgu o środku w punkcie S(a,b) i o promieniu R. Równanie to możemy przekształcić do postaci:

$$x^2+y^2-2ax-2by+a^2+b^2-R^2=0$$

wprowadzając oznaczenia:

$$\left.\begin{array}{r} a^2+b^2-R^2=C \\ -2b=B \\ -2a=A \end{array}\right\} \rightarrow \text{ otrzymujemy równanie ogólne okręgu: } x^2+y^2+Ax+By+C=0$$

**U W A G A ! ! !**

*Okrąg nie jest wykresem żadnej funkcji, ponieważ każdemu x należącemu do przedziału (-r ;r) przyporządkowane są dwie wartości y. Każdy okrąg jest sumą wykresów dwóch funkcji.*

**Przykład:**

$$x^2+y^2=4 \Leftrightarrow y^2=4-x^2$$

$$\Updownarrow$$

$$y=\sqrt{4-x^2} \vee y=-\sqrt{4-x^2}$$

### *4.1.2 HIPERBOLA*

Wykresem równania $x \cdot y = a$, gdzie $a \neq 0$, jest **hiperbola**.

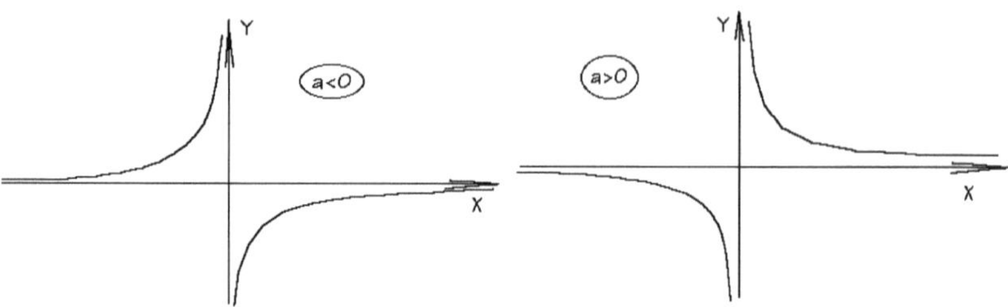


### *4.1.3 RÓWNANIA SUMY DWÓCH PROSTYCH*

Wykresem równania (ax+by+c)(dx+ey+f)=0 jest suma dwóch prostych.

**Przykład:**

$(x+y)(2x-y)=0 \Leftrightarrow \{x+y=0 \vee 2x-y=0\} \Leftrightarrow \{y=-x \vee y=2x\}$

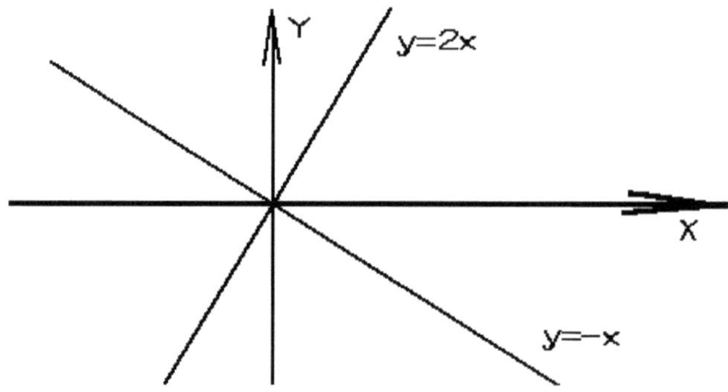


Rozwiązaniem takiego równania są wszystkie punkty leżące na tych dwóch prostych, tzn. na jednej lub na drugiej prostej.

## *4.2 UKŁADY DWÓCH RÓWNAŃ Z DWIEMA NIEWIADOMYMI*

### *4.2.1 STWIERDZENIA*

To, co wiemy już o prawach rządzących działaniami w zbiorze liczb rzeczywistych, można w analogiczny sposób przenieść do teorii zbiorów lub do logiki matematycznej, na przykład:

#### *4.2.1.1 PRAWO ROZDZIELNOŚCI MNOŻENIA WZGLĘDEM DODAWANIA*

$$(a+b)\cdot c = a\cdot c + b\cdot c$$

#### *4.2.1.2 PRAWO ROZDZIELNOŚCI KONIUNKCJI WZGLĘDEM ALTERNATYWY ZDAŃ*

$$[(p\vee q)\wedge w] \Leftrightarrow [(p\wedge w)\vee(q\wedge w)]$$

#### *4.2.1.3 PRAWO ROZDZIELNOŚCI ILOCZYNU ZBIORÓW WZGLĘDEM ICH SUMY*

$$(A\cup B)\cap C = (A\cap C)\cup(B\cap C)$$

### *4.2.2 ROZWIĄZYWANIE UKŁADÓW RÓWNAŃ PROWADZĄCYCH DO RÓWNAN KWADRATOWYCH*

Ponieważ do omówienia tego zagadnienia posiadamy już wszelkie niezbędne wiadomości, rozważmy je od razu na przykładzie.[8]

Dany jest układ równań:

$$\begin{cases} x^2 - y^2 = 0 \\ y + \frac{1}{2}x = 1 \end{cases}$$

[8] W układach tego typu często, jako jedno z równań, wykorzystuje się równania kwadratowe lub równania opisujące okrąg. Schemat postępowania we wszystkich tych przypadkach jest taki sam, przynajmniej jeśli chodzi o algebraiczne rozwiązanie. W rozwiązaniu graficznym oczywiście musimy wziąć pod uwagę rodzaj krzywej opisanej równaniem.

### *4.2.2.1 ROZWIĄZANIE ALGEBRAICZNE*

1) Pierwszy sposób:

$$\begin{cases} x^2 - y^2 = 0 \\ y + \frac{1}{2}x = 1 \end{cases} \Leftrightarrow \begin{cases} (x-y)(x+y) = 0 \\ y = -\frac{1}{2}x + 1 \end{cases} \Leftrightarrow \begin{cases} x - y = 0 \vee x + y = 0 \\ y = -\frac{1}{2}x + 1 \end{cases} \Leftrightarrow \left( \begin{cases} x - y = 0 \\ y = -\frac{1}{2}x + 1 \end{cases} \vee \begin{cases} x + y = 0 \\ y = -\frac{1}{2}x + 1 \end{cases} \right) \Leftrightarrow$$

$$\Leftrightarrow \left( \begin{cases} x + \frac{1}{2}x - 1 = 0 \\ y = -\frac{1}{2}x + 1 \end{cases} \vee \begin{cases} x - \frac{1}{2}x + 1 = 0 \\ y = -\frac{1}{2}x + 1 \end{cases} \right) \Leftrightarrow \left( \begin{cases} x = \frac{2}{3} \\ y = \frac{2}{3} \end{cases} \vee \begin{cases} x = -2 \\ y = 2 \end{cases} \right)$$

2) Drugi sposób:

$$\begin{cases} x^2 - y^2 = 0 \\ y = -\frac{1}{2}x + 1 \end{cases} \Leftrightarrow \begin{cases} x^2 - (-\frac{1}{2}x + 1)^2 = 0 \\ y = -\frac{1}{2}x + 1 \end{cases} \Leftrightarrow \begin{cases} x^2 - (\frac{1}{4}x^2 - x + 1) = 0 \\ y = -\frac{1}{2}x + 1 \end{cases} \Leftrightarrow$$

$$\Leftrightarrow \begin{cases} x^2 - \frac{1}{4}x^2 + x - 1 = 0 \\ y = -\frac{1}{2}x + 1 \end{cases} \Leftrightarrow \begin{cases} \frac{3}{4}x^2 + x - 1 = 0 \\ y = -\frac{1}{2}x + 1 \end{cases}$$

Rozwiązujemy równanie kwadratowe:

$$\frac{3}{4}x^2 + x - 1 = 0$$

$$a = \frac{3}{4} \quad b = 1 \quad c = -1 \qquad \begin{matrix} \Delta = 4 \\ \sqrt{\Delta} = 2 \end{matrix}$$

$$x_1 = -2$$

$$x_2 = \frac{2}{3}$$

$$\begin{cases} x = -2 \vee x = \frac{2}{3} \\ y = -\frac{1}{2}x + 1 \end{cases} \Leftrightarrow \left( \begin{cases} x = -2 \\ y = -\frac{1}{2}x + 1 \end{cases} \vee \begin{cases} x = \frac{2}{3} \\ y = -\frac{1}{2}x + 1 \end{cases} \right) \Leftrightarrow \left( \begin{cases} x = -2 \\ y = 2 \end{cases} \vee \begin{cases} x = \frac{2}{3} \\ y = \frac{2}{3} \end{cases} \right)$$

#### 4.2.2.2 ROZWIĄZANIE GRAFICZNE

$$\begin{cases} x^2 - y^2 = 0 \\ y + \frac{1}{2}x = 1 \end{cases} \Leftrightarrow \begin{cases} (x-y)(x+y) = 0 \\ y = -\frac{1}{2}x + 1 \end{cases} \Leftrightarrow \begin{cases} x - y = 0 \vee x + y = 0 \\ y = -\frac{1}{2}x + 1 \end{cases} \Leftrightarrow$$

$$\Leftrightarrow \left( \begin{cases} y = x \\ y = -\frac{1}{2}x + 1 \end{cases} \vee \begin{cases} y = -x \\ y = -\frac{1}{2}x + 1 \end{cases} \right)$$

Rozwiązaniem układu są dwie pary punktów.

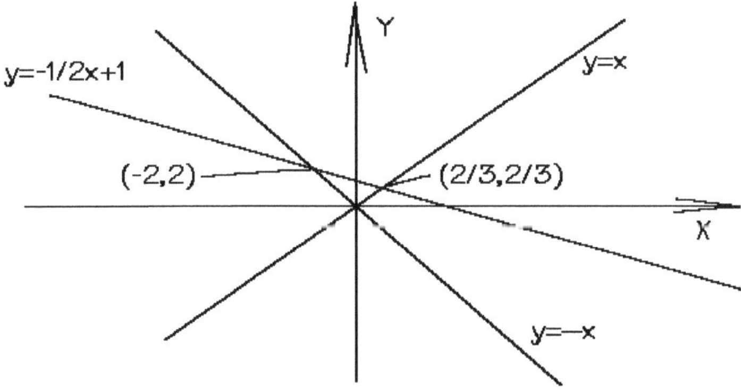


### 4.2.3 ROZWIĄZYWANIE SYMETRYCZNYCH UKŁADÓW RÓWNAŃ DRUGIEGO STOPNIA

Ponownie omówimy to zagadnienie na przykładzie. Dany jest układ równań:

$$\begin{cases} x^2 + y^2 = 13 \\ xy = -6 \end{cases}.$$

#### 4.2.3.1 ROZWIĄZANIE ALGEBRAICZNE

Zauważmy, że oba równania są symetryczne ze względu na obie niewiadome, tzn. pisząc wszędzie x w miejsce y i y w miejsce x otrzymujemy te same równania.

W takim przypadku korzystamy z następujących podstawień: $\begin{cases} x + y = u \\ x \cdot y = v \end{cases}$

Teraz, aby zastosować podstawienia do powyższego układu równań, przeprowadzamy następujące przekształcenia:

$$\begin{cases} x^2+y^2=13 \\ xy=-6 \end{cases} \Leftrightarrow \begin{cases} (x+y)^2-2xy=13 \\ xy=-6 \end{cases}$$

Teraz wykonujemy podstawienie:

$$\begin{cases} x+y=u \\ xy=v \end{cases}$$

Mamy zatem:

$$\begin{cases} u^2-2v=13 \\ v=-6 \end{cases} \Leftrightarrow \begin{cases} u^2-2(-6)=13 \\ v=-6 \end{cases} \Leftrightarrow \begin{cases} u^2=1 \\ v=-6 \end{cases} \Leftrightarrow \begin{cases} u=1 \vee u=-1 \\ v=-6 \end{cases} \Leftrightarrow \begin{cases} u=1 \\ v=-6 \end{cases} \vee \begin{cases} u=-1 \\ v=-6 \end{cases}$$

Powracamy do pierwotnego układu równań:

$$\begin{cases} x+y=u \\ xy=v \end{cases} \Leftrightarrow \left(\begin{cases} x+y=1 \\ xy=-6 \end{cases} \vee \begin{cases} x+y=-1 \\ xy=-6 \end{cases}\right) \Leftrightarrow \left(\begin{cases} y=1-x \\ x(1-x)=-6 \end{cases} \vee \begin{cases} y=-1-x \\ x(-1-x)=-6 \end{cases}\right) \Leftrightarrow$$

$$\Leftrightarrow \left(\begin{cases} y=1-x \\ -x^2+x+6=0 \end{cases} \vee \begin{cases} y=-1-x \\ -x^2-x+6=0 \end{cases}\right) \Leftrightarrow \left(\begin{cases} y=1-x \\ x=3 \vee x=-2 \end{cases} \vee \begin{cases} y=-1-x \\ x=2 \vee x=-3 \end{cases}\right) \Leftrightarrow$$

$$\Leftrightarrow \left(\begin{cases} y=1-x \\ x=3 \end{cases} \vee \begin{cases} y=1-x \\ x=-2 \end{cases} \vee \begin{cases} y=-1-x \\ x=2 \end{cases} \vee \begin{cases} y=-1-x \\ x=-3 \end{cases}\right) \Leftrightarrow$$

$$\Leftrightarrow \left(\begin{cases} y=-2 \\ x=3 \end{cases} \vee \begin{cases} y=3 \\ x=-2 \end{cases} \vee \begin{cases} y=-3 \\ x=2 \end{cases} \vee \begin{cases} y=2 \\ x=-3 \end{cases}\right)$$

Rozwiązaniem układu równań są zatem cztery pary liczb.

## *4.2.3.2 ROZWIĄZANIE GRAFICZNE*

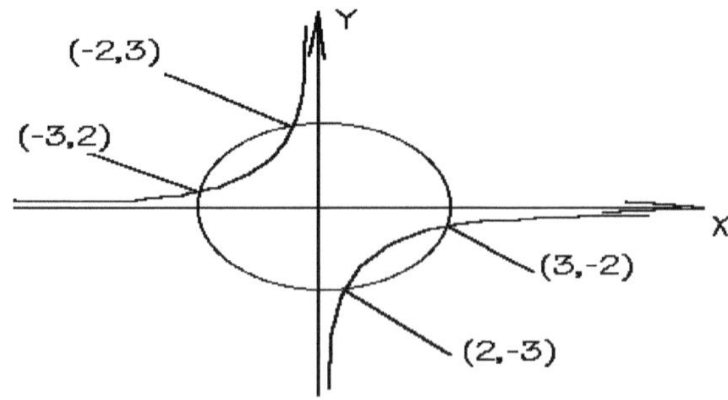

Pierwsze z równań układu przedstawia koło o środku w punkcie (0;0) i promieniu $\sqrt{13}$, drugie równanie opisuje hiperbolę położoną w drugiej i czwartej ćwiartce układu współrzędnych. Rozwiązaniem układu równań są cztery punkty przecięcia koła i hiperboli.

## *4.2.4 ZADANIA DO SAMODZIELNEGO ROZWIĄZANIA*

**Zadanie 79**

Rozwiąż układ równań:

$$\begin{cases} x^2+xy+y^2=13 \\ x+y=4 \end{cases}.$$

**Zadanie 80**

Zilustruj graficznie układ równań:

$$\begin{cases} x^2+y^2=9 \\ y^2-x^2=0 \end{cases}.$$

**Zadanie 81**

Zilustruj graficznie rozwiązanie układu równania i nierówności:

$$\begin{cases} y-x^2 \geq -4 \\ x+y=2 \end{cases}.$$

**Zadanie 82**

Rozwiąż graficznie układ:

$$\begin{cases} x^2-y^2=0 \\ |x|+|y|<1 \end{cases}.$$

**Zadanie 83**

Rozwiąż graficznie układ równania i nierówności:

$$\begin{cases} x^2+y^2 \leq 9 \\ -x+y=1 \end{cases}.$$

**Zadanie 84**

Zaznacz na rysunku zbiór punktów płaszczyzny, których współrzędne spełniają układ nierówności:

$$\begin{cases} x^2+y^2-2 \geq 0 \\ y \geq 2x \end{cases}.$$

**Zadanie 85**

Rozwiąż graficznie układ nierówności:

$$\begin{cases} x^2 + y^2 \langle 9 \\ x + y \rangle 2 \\ y - x \langle 0 \end{cases}.$$

**Zadanie 86**

Rozwiąż układ równań:

$$\begin{cases} x + xy + y = 11 \\ x^2y + xy^2 = 30 \end{cases}.$$

**Zadanie 87**

Rozwiąż układ równań:

$$\begin{cases} x^2 - xy + y^2 = 7 \\ x - y = 1 \end{cases}.$$

**Zadanie 88**

Dla jakiej wartości parametru *m* układ równań ma dokładnie jedno rozwiązanie?

$$\begin{cases} x^2 + y^2 = 25 \\ mx - y + 4 - 3m = 0 \end{cases}.$$

**Zadanie 89**

Napisz równanie okręgu o środku w punkcie S = (1,1), odcinającego na prostej o równaniu $3x - 4y + 31 = 0$ cięciwę o długości równej 18.

**Zadanie 90**

Znajdź zbiór wszystkich środków okręgów przechodzących przez punkt A=(3,5) i stycznych do osi OX.

**Zadanie 9115**

Napisz równania stycznych do okręgu $x^2 + y^2 - 2x + 6y + 5 = 0$ i prostopadłych do prostej $x - 2y = 0$.

**Zadanie 92**

Znajdź zbiór wszystkich punktów, dla których stosunek odległości od punktów A = (-1,0) i B = (1,0) wynosi 2.

**Zadanie 93**
Narysuj krzywą $x^2 + y^2 - 8x + 6y + 21 = 0$.

**Zadanie 94**
Znajdź równanie stycznej do krzywej o równaniu $y = x^3 + 2$ w punkcie P(1,3).

**Zadanie 95**
Wyznacz współrzędne punktu należącego do paraboli $y = \frac{1}{2} x^2$ tak, aby jego odległość od punktu A(0,10) była najmniejsza.

**Zadanie 96**
W okrąg o równaniu $x^2 - 8x + y^2 + 6y + 9 = 0$ wpisano kwadrat ABCD, którego bok AB zawiera się w prostej o równaniu $x - y - 11 = 0$. Wyznacz pole kwadratu.

**Zadanie 97**
Wykonaj konstrukcję okręgu stycznego do dwóch prostych równoległych i przechodzącego przez punkt leżący między tymi prostymi.

NOTATKI

..................................................................................................................

..................................................................................................................

..................................................................................................................

..................................................................................................................

..................................................................................................................

..................................................................................................................

# *4.3 WIELOMIANY*

## *4.3.1 OKREŚLENIE I RÓWNOŚĆ WIELOMIANÓW JEDNEJ ZMIENNEJ*

### *4.3.1.1 DEFINICJA WIELOMIANU STOPNIA "N" JEDNEJ ZMIENNEJ RZECZYWISTEJ*

Wielomianem stopnia n jednej zmiennej rzeczywistej x nazywamy funkcję:

$$W(x) = a_0 + a_1 x + a_2 x^2 + \ldots + a_{n-1} x^{n-1} + a_n x^n$$

gdzie: $a_0, a_1, a_2 \ldots a_{n-1}, a_n \in R, a_n \neq 0 \wedge x \in R$

**Przykład:**

$$W(x) = 4x^5 + 2x^7 - 3x^9 - x^{11}$$
$$\text{st.}W(x) = 11$$

tzn. stopień wielomianu W(x) jest równy 11. Innymi słowy, stopień wielomianu jest to najwyższa potęga, do której jest podniesiona zmienna x. Czyli na przykład wielomian postaci W(x)=24 jest stopnia zerowego, co zapisujemy matematycznie st.W(x)=0.
W tym miejscu warto zwrócić uwagę na różnicę pomiędzy wielomianem stopnia zerowego a wielomianem zerowym. Różnica jest następująca: wielomian stopnia zerowego to wielomian postaci np. W(x)=67, zaś wielomian zerowy to wielomian tożsamościowo równy zeru, np. $3x - 2x - x = 0 \equiv 0$
Symbol „$\equiv$" oznacza „tożsamościowo równy". Warto zauważyć, że wielomian zerowy nie ma określonego stopnia.

**Przykład:**

Dany jest wielomian: W(x)=(k+3)+(k+10)x

A. Wyznaczmy taką wartość parametru k, aby wielomian był zerowy.
Aby nasz wielomian był zerowy musi być tożsamościowo równy zeru:
$(k+3) + (k+10)x \equiv 0$

$$\text{zatem:} \begin{cases} k+3=0 \\ k+10=0 \end{cases} \Leftrightarrow \begin{cases} k=-3 \\ k=-10 \end{cases} \Leftrightarrow k \in \varnothing$$

Rozwiązaniem układu równań jest część wspólna zbiorów rozwiązań tych równań. W tym przypadku część wspólna (czyli iloczyn w teorii mnogości lub koniunkcja w logice matematycznej) jest zbiorem pustym. Odpowiedź zatem brzmi: nie ma takiej wartości parametru k, dla której wielomian W(x) jest zerowy.

B. Sprawdźmy, dla jakiej wartości parametru k wielomian W(x) jest stopnia zerowego.

$$\begin{cases} k+3 \neq 0 \\ k+10=0 \end{cases} \Leftrightarrow \begin{cases} k \neq -3 \\ k=-10 \end{cases} \Leftrightarrow k=-10$$

Odpowiedź: Dla k=-10 wielomian W(x) jest stopnia zerowego.

### *4.3.1.2 RÓWNOŚĆ WIELOMIANÓW JEDNEJ ZMIENNEJ*

Dane są dwa wielomiany:

$W(x) = a_0 + a_1x + \ldots + a_nx^n$

$P(x) = b_0 + b_1x + \ldots + b_kx^k$

Dwa wielomiany są sobie równe wtedy i tylko wtedy, gdy odpowiednie współczynniki przy zmiennych są sobie równe, co zapisujemy:

$$W(x) = P(x) \Leftrightarrow (n = k \wedge a_0 = b_0 \wedge a_1 = b_1 \wedge \ldots \wedge a_n = b_k)$$

**Przykład:**

Wyznaczmy te wartości parametrów a,b,c, dla jakich wielomiany W(x) i P(x) są równe.

$$W(x) = 2x^3 - 9x^2 + 13x - 6$$
$$P(x) = (x-2)(ax^2 + bx + c)$$
$$\Updownarrow$$
$$P(x) = ax^3 + bx^2 + xc - 2ax^2 - 2bx - 2c$$
$$\Updownarrow$$
$$P(x) = ax^3 + (b-2a)x^2 + (c-2b)x - 2c$$

$$W(x) = P(x) \Leftrightarrow \begin{cases} a = 2 \\ b - 2a = -9 \\ c - 2b = 13 \\ -2c = -6 \end{cases} \Leftrightarrow \begin{cases} a = 2 \\ b = -5 \\ c = 3 \end{cases}$$

## *4.3.2 JEDNOMIANY*

### *4.3.2.1 JEDNOMIAN JEDNEJ ZMIENNEJ*

$W(x) = ax^n \ , \ n \in N^+ \ , \ a \in R \ , \ x \in R$

Na przykład $W(x) = 5x^7$ jest jednomianem zmiennej x stopnia 5.

Natomiast podawany wcześniej wielomian $W(x) = 4x^5 + 2x^7 - 3x^9 - x^{11}$ jest jednocześnie sumą czterech jednomianów: $4x^5, 2x^7, -3x^9, -x^{11}$.

### *4.3.2.2 JEDNOMIANY PODOBNE*

Jednomiany tego samego stopnia oraz tej samej zmiennej nazywamy jednomianami podobnymi.

**Przykład:**

$W(x)=6x^3$ , $P(x)=\frac{1}{2}x^3$ , $K(x)=-7x^3$

Jednomiany W(x) , P(x) , K(x) są podobne.

### *4.3.3 DZIAŁANIA W ZBIORZE WIELOMIANÓW*

W zbiorze wielomianów jednej zmiennej wykonalne są dodawanie, odejmowanie, mnożenie oraz (nie zawsze) dzielenie. Dla przypomnienia:

$$\bigwedge_{a\in R\setminus\{0\}}\bigwedge_{k\in N}\bigwedge_{p\in N}\left(k>p\Rightarrow\frac{a^k}{a^p}=a^{k-p}\right)$$

$$\bigwedge_{a\in R}\bigwedge_{b\in R\setminus\{0\}}\bigwedge_{k\in N^+}\left(\frac{a^k}{b^k}=\left(\frac{a}{b}\right)^k\right)$$

$$\bigwedge_{x\in R}\bigwedge_{n\in N^+}\bigwedge_{p\in N^+}\left(x^n\cdot x^p=x^{n+p}\right)$$

$$\bigwedge_{x\in R}\bigwedge_{n\in N^+}\bigwedge_{p\in N^+}\left(\left(x^n\right)^p=x^{n\cdot p}\right)$$

$$\bigwedge_{x\in R}\bigwedge_{y\in R}\bigwedge_{n\in N^+}\left((xy)^n=x^n\cdot y^n\right)$$

#### *4.3.3.1 DODAWANIE I ODEJMOWANIE*

Dodawanie i odejmowanie wielomianów przedstawimy na przykładzie.

**Przykład:**

Niech będą dane dwa wielomiany W(x) i P(x) takie, że:

$$W(x)=3x^5+2x^3-4x+5$$

$$P(x)=-3x^5+4x^4-3$$

$$\text{wtedy}: W(x)+P(x)=4x^4+2x^3-4x+2$$

$$W(x)-P(x)=3x^5+2x^3-4x+5-\left(-3x^5+4x^4-3\right)=6x^5-4x^4+2x^3-4x+8$$

#### *4.3.3.2 MNOŻENIE*

Oto przykład mnożenia dwóch wielomianów;

**Przykład:**

Niech będą dane dwa wielomiany W(x) i P(x). Postaramy się je pomnożyć.

$$W(x) = 2x^2 + x + 1$$
$$P(x) = x - 1$$
$$wtedy: W(x) \cdot P(x) = (2x^2 + x + 1)(x - 1)$$
$$\Updownarrow$$
$$W(x) \cdot P(x) = 2x^3 - 2x^2 + x^2 - x + x - 1$$
$$\Updownarrow$$
$$W(x) \cdot P(x) = 2x^3 - x^2 - 1$$

### *4.3.3.3 DZIELENIE*

Jeżeli wielomian W(x) nie jest wielomianem zerowym, to wielomian P(x) nazywamy dzielnikiem wielomianu W(x) wtedy i tylko wtedy, gdy istnieje taki wielomian Q(x), że $W(x) = P(x) \cdot Q(x)$ (analogicznie do dzielenia dwóch liczb).

**Przykład:**
Aby podzielić jeden wielomian przez drugi należy postępować w określony sposób. Przeprowadźmy dzielenie dwóch przykładowych wielomianów najpierw na symbolach:

$$\begin{array}{l} \quad x^2 - b^2 \\ \hline (x^3 - ax^2 - b^2x + b^2a) : (x - a) \\ -x^3 + ax^2 \\ \hline \quad -b^2x + b^2a \\ \quad b^2x - b^2a \\ \hline \quad = \; = \end{array}$$

[$a, b$ - liczby dane]

Bardzo łatwo sprawdzić, że: $(x^2 - b^2)(x - a) = x^3 - ax^2 - b^2x + b^2a$.

Schemat dzielenia wielomianów jest następujący: dzieląc wielomian W(x) przez wielomian P(x) należy jednomian najwyższego stopnia wielomianu W(x) (w tym przykładzie $x^3$) po-dzielić przez jednomian najwyższego stopnia wielomianu P(x) (w tym przykładzie x). Otrzymany w ten sposób wynik (w omawianym przykładzie $x^2$) należy pomnożyć przez poszczególne elementy wielomianu P(x) i wpisać wyniki kolejnych działań pod wielomianem W(x) **z przeciwnym znakiem** (w omawianym przykładzie wykonaliśmy mnożenie $x^2 \cdot x = x^3$ i $x^2 \cdot (-a) = -ax^2$, a wyniki te zostały wpisane z przeciwnym znakiem). Następnie dodajemy (potocznie mówimy „pod kreskę") wielomian W(x) i wielomian powstały w wyniku powyższych operacji (w tym przykładzie dodajemy $(x^3 - ax^2 - b^2x + b^2a) + (-x^3 + ax^2)$ ). W ten sposób otrzymujemy kolejny wielomian, z którym przeprowadzamy całą procedurę od początku. Czynimy tak do momentu, aż jednomian najwyższego stopnia wielomianu otrzymanego z kolejnych dzieleń będzie niższego stopnia od jednomianu najwyższego stopnia wielomianu, przez który dzielimy (nie będziemy dzielić np. $x/x^2$). Oczywiście nie zawsze dany wielomian da się podzielić bez reszty przez drugi (jak podczas dzielenia liczb), wtedy kolejne wyniki nie zredukują się i otrzymamy resztę.

**Przykład:**

A) Podzielmy wielomian W(x) przez wielomian P(x), gdzie:

$W(x) = 2x^3 - 3x^2 + 3x - 2$

$P(x) = x - 1$

$$
\begin{array}{l}
\qquad\quad 2x^2 - x + 2 \\
\hline
(2x^3 - 3x^2 + 3x - 2) : (x - 1) \\
\underline{-2x^3 + 2x^2 \qquad\qquad} \\
\qquad -x^2 + 3x - 2 \\
\qquad\ \underline{x^2 - x \qquad} \\
\qquad\qquad 2x - 2 \\
\qquad\quad \underline{-2x + 2} \\
\qquad\quad = \ =
\end{array}
$$

B) Podzielmy wielomian W(x) przez wielomian P(x), gdzie:

$W(x) = -6x^3 + x^2 + 15x - 5$

$P(x) = 2x^2 + 3x - 2$

$$
\begin{array}{l}
\qquad\qquad -3x + 5 \\
\hline
(-6x^3 + x^2 + 15x - 5) : (2x^2 + 3x - 2) \\
\underline{+6x^3 + 9x^2 - 6x \qquad\qquad\qquad} \\
\qquad 10x^2 + 9x - 5 \\
\quad \underline{-10x^2 - 15x + 10} \\
\qquad\qquad 6x + 5
\end{array}
$$

$[R(x) -$ *reszta z dzielenia wielomianu* $W(x)$ *przez* $P(x)]$

## *4.3.4 PIERWIASTKI WIELOMIANÓW*

### *4.3.4.1 STWIERDZENIE*

Pierwiastkiem wielomianu W(x) jest jego miejsce zerowe. To znaczy, że jeżeli r jest pierwiastkiem wielomianu W(x), to W(r)=0.

**Przykład:**

$W(x) = (x-1)(x+2) = x^2 + x - 2 \text{ , } r = 1$

$W(1) = 1^2 + 1 - 2 = 0 \Rightarrow r = 1 \, \textit{jest pierwiastkiem wielomianu } W(x).$

### *4.3.4.2 TWIERDZENIE BEZOUT'A (CZYTAJ: BEZU)*

***Liczba "r" jest pierwiastkiem wielomianu W(x) wtedy i tylko wtedy, gdy wielomian W(x) jest podzielny przez dwumian "x-r".***

**Przykład:**

Znaleźć (jeżeli istnieją) pozostałe pierwiastki wielomianu W(x) wiedząc, że jednym z nich jest $r = -1$.

$W(x) = x^3 + 5x^2 + 2x - 8$

$$
\begin{array}{l}
\quad\; x^2 + x - 2 \\
\hline
(x^3 + 5x^2 + 2x - 8) : (x+4) \\
-x^3 - 4x^2 \\
\hline
\quad\; x^2 + 2x - 8 \\
\quad -x^2 - 4x \\
\hline
\qquad -2x - 8 \\
\qquad +2x + 8 \\
\hline
\qquad = \;\; =
\end{array}
$$

$\textit{zatem} \div W(x) = (x^2 + x - 2)(x+4)$

$\textit{niech } P(x) = x^2 + x - 2 \textit{ obliczamy pierwiastki tego wielomianu.}$

$\Delta = 9 \text{ , } \sqrt{\Delta} = 3 \text{ , } x_1 = -2 \text{ , } x_2 = 1 \;\Rightarrow\; P(x) = (x+2)(x-1)$

$\textit{to znaczy} \div W(x) = (x+2)(x-1)(x+4)$

$\textit{zatem } W(x) \textit{ ma trzy pierwiastki : } x_1 = -4 \text{ , } x_2 = -2 \text{ , } x_3 = 1$

Wielomian jednej zmiennej stopnia n posiada co najwyżej n pierwiastków. To znaczy, że na przykład wielomian $W(x) = x^2 + 2x - 4$ posiada co najwyżej dwa pierwiastki.

### *4.3.4.3 WYMIERNE PIERWIASTKI WIELOMIANÓW O WSPÓŁCZYNNIKACH CAŁKOWITYCH*

Jeżeli wielomian $W(x) = a_0 + a_1x + a_2x^2 + \ldots + a_{n-1}x^{n-1} + a_nx^n$ o współczynnikach całkowitych ma pierwiastek wymierny w postaci ułamka nieskracalnego p/q , to licznik tego ułamka jest dzielnikiem wyrazu wolnego $a_0$ wielomianu, a mianownik – dzielnikiem współczynnika $a_n$ przy najwyższej potędze zmiennej.[9]

Na podstawie tej informacji jesteśmy zdolni do samodzielnych poszukiwań pierwiastków danego wielomianu nie mając o nim żadnych informacji (jeszcze do niedawna musieliśmy znać co najmniej jeden pierwiastek danego wielomianu). Warto wspomnieć w tym miejscu, że metoda ta jest niestety trochę pracochłonna.

Tok postępowania jest następujący:

- jeżeli mamy dany wielomian to najpierw wypisujemy dzielniki wyrazu wolnego i współczynnika przy najwyższej potędze, następnie wypisujemy ułamki stworzone z dzielników (licznik – dzielnik wyrazu wolnego, mianownik – dzielnik współczynnika przy najwyższej potędze),
- podstawiamy w ten sposób otrzymane ułamki do naszego wielomianu i sprawdzamy, czy dany wielomian się wyzeruje (czynimy tak aż do skutku);
- jeżeli wielomian się wyzeruje dla któregoś z podstawionych ułamków, będzie to oznaczało, że dana liczba jest pierwiastkiem tego wielomianu;
- mając jeden pierwiastek będziemy potrafili znaleźć jego pozostałe pierwiastki (dzieląc go przez dwumian x–r, gdzie r – dany pierwiastek).

**Przykład:**

Znaleźć pierwiastki wielomianu W(x).

[9] Szukaniem pierwiastków wielomianu zajmowało się wielu uczonych, o czym świadczy wiele metod pozwalających wyznaczyć te pierwiastki: znane nam już wzory Viete'a, reguła Kartezjusza, twierdzenie Hurwitza. Twierdzenie Sturma czy zasadnicze twierdzenie algebry.

$$W(x) = 2x^4 - 2x^3 - 5x^2 + 14x - 8$$

$$a_0 = -8 \rightarrow \pm 1;\ \pm 2;\ \pm 4;\ \pm 8 \qquad a_n = 2 \rightarrow \pm 1;\ \pm 2$$

$$\frac{a_0}{a_n} = \pm 1;\ \pm 2;\ \pm 4;\ \pm 8;\ \pm \tfrac{1}{2}$$

$$W(1) = 2 - 3 - 5 + 14 - 8 = 0$$

zatem dzielimy :

$$\begin{array}{l}
\qquad\quad 2x^3 - x^2 - 6x + 8 \\
\hline
(2x^4 - 3x^3 - 5x^2 + 14x - 8) : (x - 1) \\
-2x^4 + 2x^3 \\
\hline
\qquad -x^3 - 5x^2 + 14x - 8 \\
\qquad +x^3 - x^2 \\
\hline
\qquad\quad -6x^2 + 14x - 8 \\
\qquad\quad +6x^2 - 6x \\
\hline
\qquad\qquad\quad 8x - 8 \\
\qquad\qquad\quad -8x + 8 \\
\hline
\qquad\qquad\quad = \ =
\end{array}$$

$$W(x) = (x - 1)(2x^3 - x^2 - 6x + 8)$$

niech : $P(x) = 2x^3 - x^2 - 6x + 8$

$a_0 = 8 \qquad a_n = 2$ zatem podzielniki jak dla wielomianu $W(x)$.

$$P(-2) = -16 - 4 + 12 + 8 = 0$$

zatem dzielimy:

$$\begin{array}{l}
\qquad 2x^2 - 5x + 4 \\
\hline
(2x^3 - x^2 - 6x + 8) : (x + 2) \\
-2x^3 - 4x^2 \\
\hline
\qquad -5x^2 - 6x + 8 \\
\qquad +5x^2 + 10x \\
\hline
\qquad\qquad 4x + 8 \\
\qquad\qquad -4x - 8 \\
\hline
\qquad\qquad = \ =
\end{array}$$

$$W(x) = (x - 1)(x + 2)(2x^2 - 5x + 4)$$

niech : $K(x) = 2x^2 - 5x + 4$

$\Delta = 25 - 32 = -7 < 0 \Leftrightarrow$ dwumian nie posiada miejsc zerowych

Zatem wielomian $W(x)$ posiada tylko dwa pierwiastki $x = 1 \wedge x = -2$

**Uwaga: jeżeli liczba r jest pierwiastkiem n-krotnym wielomianu W(x), to ten wielomian dzieli się przez dwumian** $(x - r)^n$**.**

Czyli jeżeli liczba r=2 jest np. pierwiastkiem dwukrotnym wielomianu W(x), to ten wielomian dzieli się przez dwumian $(x - 2)^2$.

### 4.3.5 UPROSZCZONE WYKRESY WIELOMIANÓW

Dany jest wielomian $W(x) = a \cdot (x - x_1) \cdot (x - x_2) \cdot (x - x_3) \cdot \ldots \cdot (x - x_n)$

gdzie: $x_1, x_2 \ldots x_n$ jego miejsca zerowe

Uproszczony wykres takiego wielomianu wygląda następująco:

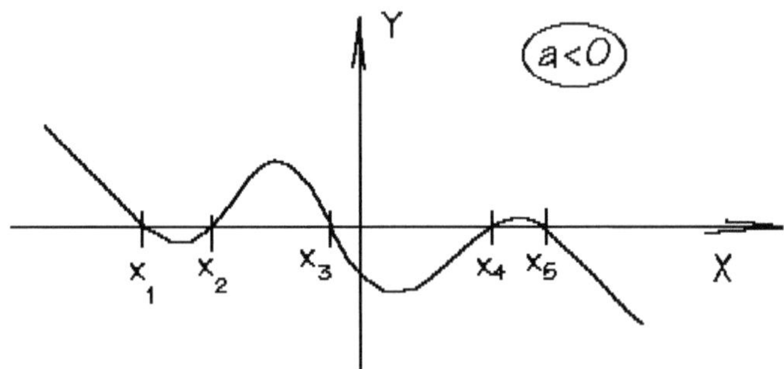


Tok postępowania jest bardzo prosty. Mianowicie:

A) znajdujemy pierwiastki wielomianu

B) Kreślimy jego wykres jak wyżej **zaczynając zawsze z prawej strony**.

**Jeżeli współczynnik *"a"* jest dodatni – rysujemy od góry. Jeżeli jest ujemny – od dołu.**

C) Jeżeli dany wielomian posiada pierwiastki wielokrotne, należy zwracać uwagę na fakt, że kiedy pierwiastek jest parzystokrotny (dwukrotny, czterokrotny, ...), to wielomian nie zmienia znaku przy przejściu przez ten pierwiastek.

**Przykład:**

Dany jest wielomian W(x). Narysować jego uproszczony wykres.

$W(x) = (x-1)^2 (x-2)^3 (x+1)(x+2)^4 (x+3)^5$

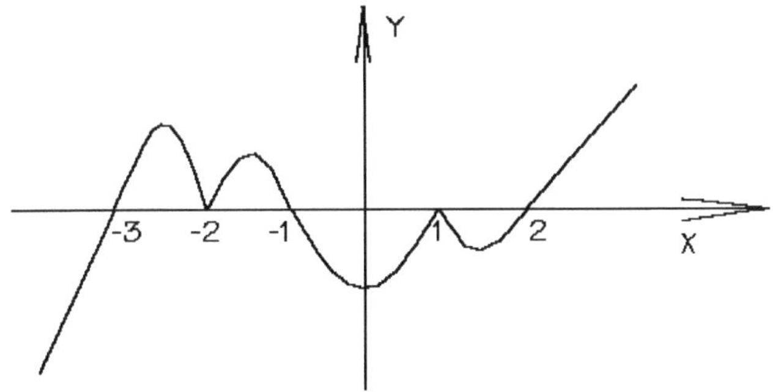


### 4.3.6 *RÓWNANIA I NIERÓWNOŚCI N-TEGO STOPNIA Z JEDNĄ NIEWIADOMĄ*

#### *4.3.6.1 RÓWNANIA N-TEGO STOPNIA*

1) **Równaniem n-tego stopnia nazywamy równanie postaci W(x)=0, gdzie W(x) jest wielomianem n-tego stopnia.**

2) **Rozwiązać równanie n-tego stopnia to znaczy znaleźć pierwiastki danego wielomianu.**

#### *4.3.6.2 NIERÓWNOŚCI N-TEGO STOPNIA*

1) **Nierównością n-tego stopnia nazywamy nierówność postaci:**

$W(x) > 0 \vee W(x) < 0 \vee W(x) \geq 0 \vee W(x) \leq 0$, gdzie W(x) jest wielomianem n-tego stopnia.

2) **Rozwiązać nierówność n-tego stopnia to znaczy znaleźć te wartości zmiennej x, dla których funkcja zadana w postaci wielomianu spełnia tę nierówność.**

**Przykład:**

Rozwiązać nierówność: $x(x-1)(x+1)^2(x+2) > 0$.

Ponieważ wielomian dany jest w postaci iloczynowej i nie musimy szukać jego pierwiastków, zaczynamy od rysowania jego wykresu:

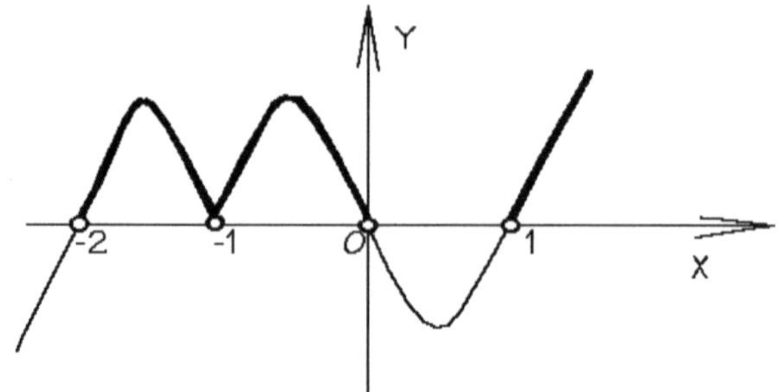


Wartości zmiennej x, które spełniają nierówność, zostały zaznaczone grubszą linią. Ponieważ jest to nierówność ostra, miejsca zerowe wielomianu (w kółeczkach) nie należą do zbioru rozwiązań, który możemy zapisać następująco:

$\{x \in R : x(x-1)(x+1)^2(x+2) > 0\} = (-2;-1) \cup (-1;0) \cup (1;\infty)$.

## *4.3.7 ZADANIA DO SAMODZIELNEGO ROZWIĄZANIA*

**Zadanie 98**

Rozłóż na czynniki następujące wielomiany:

a. $W(x) = 2x^4 - 5x^3 + 5x - 2$,

b. $P(y) = 2y^3 - 16$.

**Zadanie 99**

Rozwiąż równania:

a. $x^4 + 2x^3 + 2x^2 + 2x + 1 = 0$,
b. $x^3 + 2x^2 - 5x - 6 = 0$,
c. $x^4 - 6x^2 + 7x - 6 = 0$,
d. $x^6 + 6x^4 + 11x^2 + 6 = 0$.

**Zadanie 100**

Rozwiąż nierówności:

a. $x^4 - 5x^3 + 6x^2 < 0$,
b. $x^4 + 3x^3 - x^2 - 9x - 6 > 0$,
c. $x^5 + x^4 - x^3 - x^2 - 12x - 12 \leq 0$,
d. $x^5 + x^4 + x^3 + x^2 - 2x - 2 \geq 0$.

**Zadanie 101**

Wyznacz parametry *a* i *b* tak, aby wielomian W(x) był podzielny przez P(x):

$W(x) = x^4 - 3x^3 + ax^2 + bx + a$,

$P(x) = x^2 - 1$.

**Zadanie 102**

Wyznacz parametr *m* tak, aby wielomian W(x) był podzielny przez P(x):

$W(x) = x^4 - (m - 1)x^2 - 3x + (m + 1)^2$,

$P(x) = x - 1$.

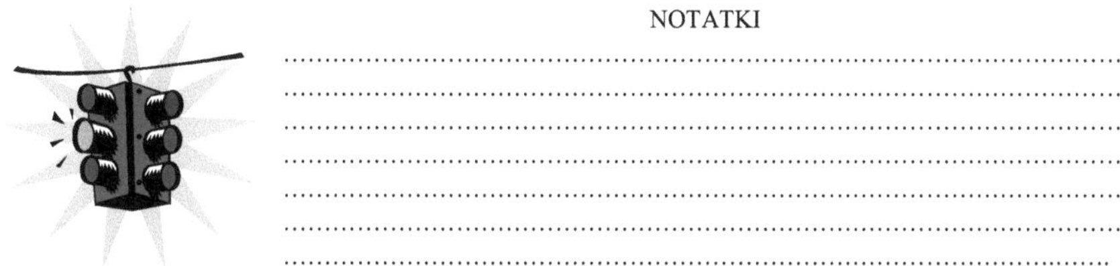


# *4.4 GRANICA FUNKCJI*

## *4.4.1 OTOCZENIE PUNKTU NA PROSTEJ*

### *4.4.1.1 DEFINICJA*

**Niech będzie dana oś liczbowa p oraz punkt a leżący na tej osi. Otoczeniem punktu a o promieniu e na osi p nazywamy przedział liczbowy (a-e;a+e). Zapisujemy to matematycznie** $U_{(a,e)}$

Innymi słowy: otoczenie punktu na osi jest to część wspólna tej osi i wnętrza koła o środku w punkcie a i promieniu e.

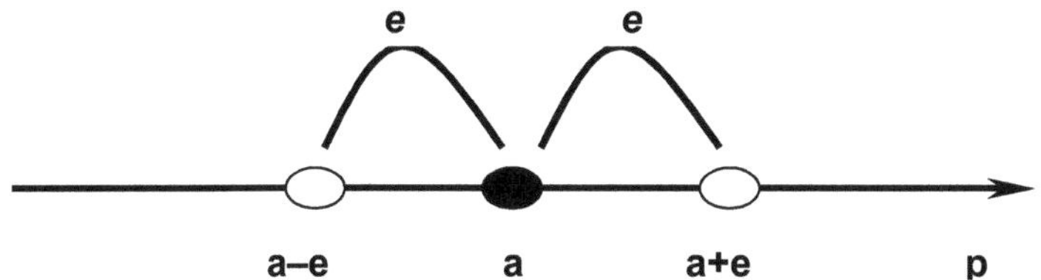

**Przykład:**

Niech współrzędna punktu a na osi liczbowej wynosi 3 oraz promień otoczenia e=0.5, wtedy:

$$U_{(a,e)} = \left(2\tfrac{1}{2};3\tfrac{1}{2}\right).$$

### *4.4.2 SĄSIEDZTWO PUNKTU NA PROSTEJ*

#### *4.4.2.1 DEFINICJA*

**Niech będzie dana oś liczbowa p oraz punkt a leżący na tej osi. Sąsiedztwem punktu a o promieniu e na osi p nazywamy sumę przedziałów:** $(a-e;a)\cup(a;a+e)$**. Matematycznie zapisujemy powyższe stwierdzenie** $S_{(a,e)}$ **innymi słowami** $S_{(a,e)} = U_{(a,e)} - \{a\}$**.**

### *4.4.3 GRANICA NIEWŁAŚCIWA FUNKCJI W NIESKOŃCZONOŚCI*

#### *4.4.3.1 PODSTAWOWE POJĘCIA*

Limes – oznacza po łacinie „granica”.[10]

$\lim\limits_{x\to\infty} f(x) = \infty$ czytamy: granicą funkcji f(x) przy x dążącym do nieskończoności jest nieskończoność.

#### *4.4.3.2 DEFINICJA*

$$\lim_{x\to\infty} f(x) = \infty \Leftrightarrow \bigwedge_{A\in R} \bigvee_{X_0} \bigwedge_{X>X_0} f(x) > A$$

---

[10] Pojęcie to znane było intuicyjnie już w starożytności. Stosowano je wówczas do obliczania pól figur geometrycznych za pomocą tzw. metody wyczerpywania, która polegała na wpisywaniu w daną figurę geometryczną ciągu figur o znanych polach (pomysł wykorzystywany jest do dzisiaj w nieco zmodyfikowanej formie jako całka oznaczona, np. Lebesgue'a). Łaciński termin oznaczający granicę, *„limes”*, pojawił się w XVII wieku w pracach Newtona oraz Leibniza w związku z próbami uściślenia tego pojęcia. Współczesna definicja granicy funkcji powstała w XIX wieku wraz z rozwojem analizy matematycznej. Pierwszą ścisłą definicję granicy funkcji, sformułowaną za pomocą pojęć arytmetycznych, podał Cauchy, a współczesne brzmienie nadał jej Weierstrass.

Granicą funkcji f(x) przy x dążącym do nieskończoności jest nieskończoność wtedy i tylko wtedy, gdy dla każdego A istnieje takie $X_0$, że dla każdego $X>X_0$ wartości funkcji f(x) są większe od A. Możemy to przedstawić na rysunku:

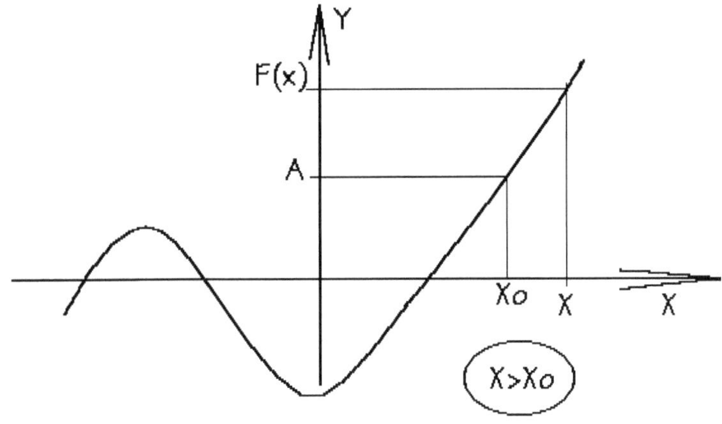


### *4.4.3.3 ĆWICZENIA W ZAPISYWANIU DEFINICJI*

$$\lim_{x\to\infty} f(x)=\infty \Leftrightarrow \bigwedge_{A\in R}\bigvee_{Xo}\bigwedge_{X>Xo} f(x)>A$$

$$\lim_{x\to\infty} f(x)=-\infty \Leftrightarrow \bigwedge_{A\in R}\bigvee_{Xo}\bigwedge_{X>Xo} f(x)<A$$

$$\lim_{x\to-\infty} f(x)=-\infty \Leftrightarrow \bigwedge_{B\in R}\bigvee_{Xo}\bigwedge_{X<Xo} f(x)<B$$

$$\lim_{x\to-\infty} f(x)=\infty \Leftrightarrow \bigwedge_{B\in R}\bigvee_{Xo}\bigwedge_{X<Xo} f(x)>B$$

## *4.4.4 GRANICA FUNKCJI W NIESKOŃCZONOŚCI*

### *4.4.4.1 DEFINICJA*

$$\lim_{x\to\infty} f(x)=G \Leftrightarrow \bigwedge_{U_{[G,E]}}\bigvee_{Xo}\bigwedge_{X>Xo} f(x)\in U_{[G,E]}$$

$$\lim_{x\to\infty} f(x)=G \Leftrightarrow \bigwedge_{U_{[G,E]}}\bigvee_{Xo}\bigvee_{X>Xo} |f(x)-G|<E$$

Te dwa zapisy definicji znaczą dokładnie to samo. Mówią nam one, że funkcja f(x) posiada granicę równą G (w tym tkwi różnica pomiędzy granicą niewłaściwą funkcji w nieskończoności a granicą funkcji w nieskończoności, w pierwszym przypadku granica ta jest równa nieskończoności, w drugim – konkretnej liczbie) przy X dążącym do nieskończoności wtedy i tylko wtedy, gdy dla każdego otoczenia punktu G o promieniu E (czyli otoczenia o dowolnie małym promieniu) istnieje takie $X_0$, że dla każdego $X>X_0$ wartości funkcji f(x) należą do tego otoczenia lub (drugi wariant) wartość bezwzględna różnicy wartości funkcji w punkcie X i rzędnej punktu G jest mniejsza od promienia otoczenia punktu G. Przedstawmy to na rysunku:

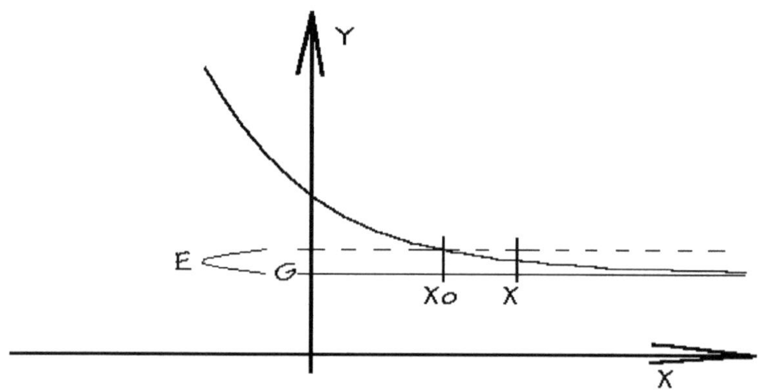


## *4.4.5 GRANICA NIEWŁAŚCIWA FUNKCJI W PUNKCIE*

### *4.4.5.1 DEFINICJA*

$$\lim_{X \to Xo} f(x) = \infty \Leftrightarrow \bigwedge_{A \in R} \bigvee_{E>0} \bigwedge_{X} 0 < |X - Xo| < E \Rightarrow f(x) > A$$

$$\lim_{X \to Xo} f(x) = \infty \Leftrightarrow \bigwedge_{A \in R} \bigvee_{E>0} \bigwedge_{X \neq Xo} X \in U_{(Xo,E)} \Rightarrow f(x) > A$$

$$\lim_{X \to Xo} f(x) = \infty \Leftrightarrow \bigwedge_{A \in R} \bigvee_{E>0} \bigwedge_{X} X \in S_{(Xo,E)} \Rightarrow f(x) > A$$

Co w wolnym tłumaczeniu znaczy: funkcja f(x) posiada granicę równą nieskończoności (lub funkcja f(x) dąży do nieskończoności} przy X dążącym do $X_0$ wtedy i tylko wtedy, gdy dla każdej liczby A istnieje takie E (czyli możemy znaleźć taki promień sąsiedztwa punktu $X_0$), że dla każdego X należącego do sąsiedztwa punktu $X_0$ o promieniu E wartości funkcji są większe od A. Trzy zapisane warianty definicji znaczą oczywiście to samo. Na rysunku przedstawia się to w następujący sposób:

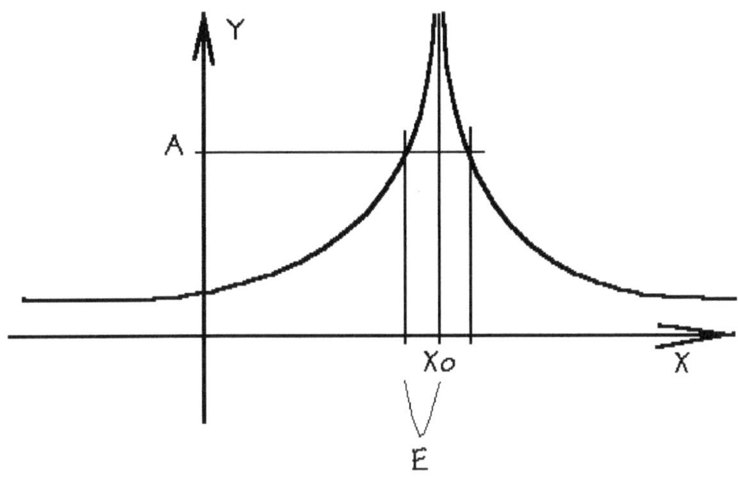


# 4.5 FUNKCJE WYMIERNE

## 4.5.1 DEFINICJA

$$x \rightarrow y = \frac{W(x)}{G(x)} \wedge D_f = \{x \in R : G(x) \neq 0\}$$

gdzie W(x) i G(x) są wielomianami tej samej zmiennej x.

## 4.5.2 DZIAŁANIA W ZBIORZE FUNKCJI WYMIERNYCH

### 4.5.2.1 RÓWNOŚĆ FUNKCJI WYMIERNYCH

Funkcje wymierne F(x) i G(x) są sobie równe wtedy i tylko wtedy, gdy dla takich samych wartości zmiennych niezależnych w całej swojej dziedzinie przyjmują te same wartości i posiadają takie same dziedziny. To bardzo ważne, aby funkcje posiadały takie same dziedziny, bowiem czasami bywają funkcje pozornie jednakowe, ale o różnych dziedzinach.

**Przykład:**

Sprawdzić, czy podane poniżej funkcje są równe.

$$F(x)=\frac{1}{x+2} \text{ oraz } G(x)=\frac{x+1}{(x+1)\cdot(x+2)}=\frac{1}{x+2}$$

Te funkcji nie są równe, ponieważ mają różne dziedziny:

$$D_{F(x)}=R\setminus\{-2\} \qquad D_{G(x)}=R\setminus\{-1,-2\}$$

### *4.5.2.2 DODAWANIE I ODEJMOWANIE FUNKCJI WYMIERNYCH*

Funkcje wymierne dodajemy i odejmujemy podobnie jak ułamki zwykłe, uprzednio doprowadzając do wspólnego mianownika.

**Przykład:**

$$\frac{4x+2}{x+1}+\frac{3x-1}{2x-1}=\frac{(2x-1)(4x+2)+(x+1)(3x-1)}{(x+1)(2x-1)}=\frac{8x^2+4x-4x-2+3x^2-x+3x-1}{(x+1)(2x-1)}=$$

$$=\frac{11x^2+2x-3}{(x+1)(2x-1)} \qquad D_f=R\setminus\{-1,\frac{1}{2}\}$$

Jak widać, jedyną nowością jest sprowadzenie funkcji wymiernej do wspólnego mianownika, cała reszta to już dobrze nam znane działania w zbiorze wielomianów. Przy sprowadzaniu wyrażeń wymiernych do wspólnego mianownika oczywiście obowiązują te same zasady, co przy sprowadzaniu do wspólnego mianownika dwóch ułamków zwykłych.

### *4.5.2.3 MNOŻENIE I DZIELENIE FUNKCJI WYMIERNEJ*

**Przykład:**

$$\frac{2x+1}{x-3}\cdot\frac{x-1}{x+1}=\frac{(2x+1)(x-1)}{(x-3)(x+1)} \text{itd. } D_f=R\setminus\{3,-1\}$$

Jeżeli chodzi o dzielenie funkcji wymiernych należy pamiętać, że podzielić znaczy pomnożyć przez odwrotność.

### *4.5.3 FUNKCJA HOMOGRAFICZNA*

#### *4.5.3.1 OKREŚLENIE FUNKCJI HOMOGRAFICZNEJ*

**Funkcją homograficzną nazywamy funkcję postaci**

$$x \to y = \frac{bx+a}{cx+d} \qquad D_f = R \setminus \left\{-\frac{d}{c}\right\} \wedge c \neq 0$$

Wykresem funkcji homograficznej jest hiperbola przesunięta o pewien wektor.

**Przykład:**

$$y = \frac{-3x+4}{x-2}$$

*wariant 1.*

$$y = \frac{-3(x-2)-2}{x-2} = \frac{-3(x-2)}{x-2} + \frac{-2}{x-2} = -3 + \frac{-2}{x-2}$$

$$\text{zatem}: T_{\vec{U}[2,-3]}\left[\frac{-2}{x}\right] = \left[\frac{-2}{x-2} - 3\right]$$

*wariant 2.*

$$\begin{array}{l} \quad -3 \\ \hline (-3x+4):(x-2) \\ \;+3x-6 \\ \hline \quad -2 \end{array} \qquad \text{zatem}: \frac{-3x+4}{x-2} = -3 + \frac{-2}{x-2}$$

Tok postępowania w wariancie drugim jest podobny, jak w przypadku dzielenia liczb np. 7/2.

$$\begin{array}{l} 3 \\ \hline 7:2 \\ -6 \\ \hline 1 \end{array} \qquad \text{zatem}: \frac{7}{2} = 3 + \frac{1}{2}$$

## *4.6 RÓWNANIA WYMIERNE*

### *4.6.1 DEFINICJA*

**Równaniem wymiernym nazywamy równanie postaci:**

$$\frac{W(x)}{G(x)} = 0 \qquad D = \{x \in R : G(x) \neq 0\}$$

**Rozwiązać równanie wymierne to znaczy znaleźć miejsca zerowe odpowiedniej funkcji wymiernej.**

**Przykład:**

$$\frac{7}{x-2}+\frac{3}{x-10}=\frac{2x+10}{x^2-12x+20} \qquad D=R\setminus\{2,10\}$$

$$\Updownarrow$$

$$\frac{7}{x-2}+\frac{3}{x-10}=\frac{2x+10}{(x-10)(x-2)}$$

$$\Updownarrow$$

$$\frac{7}{x-2}+\frac{3}{x-10}-\frac{2x+10}{(x-10)(x-2)}=0$$

Po sprowadzeniu do wspólnego mianownika:

$$\frac{7(x-10)+3(x-2)-(2x+10)}{(x-10)(x-2)}=0$$

$$\Updownarrow$$

$$\frac{7x-70+3x-6-2x-10}{(x-10)(x-2)}=0$$

$$\Updownarrow$$

$$\frac{8x-86}{(x-10)(x-2)}=0 \;\Big|\cdot(x-10)(x-2)$$

Możemy tak zrobić, ponieważ mianownik jest różny od zera.

$$8x-86=0 \Leftrightarrow 8x=86 \Leftrightarrow x=10\frac{3}{4}$$

# *4.7 NIERÓWNOŚCI WYMIERNE*

## *4.7.1 DEFINICJA*

**Nierównością wymierną nazywamy nierówność postaci:**

$$\frac{W(x)}{G(x)}>0 \vee \frac{W(x)}{G(x)}<0 \vee \frac{W(x)}{G(x)}\le 0 \vee \frac{W(x)}{G(x)}\ge 0$$

$$D=\{x\in R:\ G(x)\neq 0\}$$

**Rozwiązać nierówność wymierną to znaczy znaleźć te wartości argumentu x, dla których wartości odpowiedniej funkcji wymiernej są większe lub mniejsze od zera.**

**Przykład:**

$$\frac{3-2x}{x^2-1} \le 0 \qquad D = R \setminus \{-1,1\}$$

$$czyli:$$

$$(3-2x)(x^2-1) \le 0 \Leftrightarrow -2\left(x-\frac{3}{2}\right)(x-1)(x+1) \le 0$$

—1 oraz 1 nie należą do dziedziny.

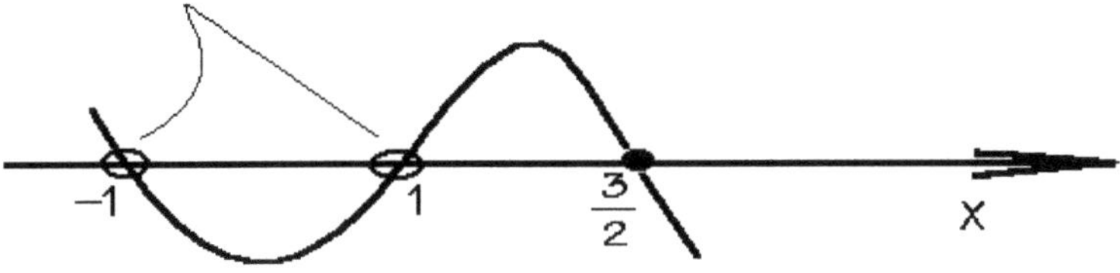


$$\{x \in D : \frac{3-2x}{x^2-1} \le 0\} = (-1,1) \cup \left\langle \frac{3}{2}, \infty \right)$$

## *4.7.2 ZADANIA DO SAMODZIELNEGO ROZWIĄZANIA*

### Zadanie 103

Dla jakich wartości parametru *k* dziedziną funkcji $F(x) = \frac{x}{x^2 - 6x + k}$ jest zbiór liczb rzeczywistych?

### Zadanie 104

Wyznacz liczby całkowite należące do dziedziny funkcji:

$$f(x) = \frac{1}{\sqrt{x^3 - 4x - 7x^2 + 28}}.$$

### Zadanie 105

Rozwiąż równanie:

$$\frac{2x+1}{x} + \frac{4x}{2x+1} = 5.$$

### Zadanie 106

Rozwiąż równanie:

$$\frac{x-6}{x^2-5x+6} = \frac{4}{x-2} + 1.$$

## Zadanie 107

**Rozwiąż równanie:**

$$\frac{x-1}{x+1}-\frac{x}{x-2}=\frac{7-x^2}{x^2-x-2}.$$

## Zadanie 108

Rozwiąż nierówność:

$$\frac{1}{x}-\frac{x}{x+3}\geq\frac{x-1}{x^2+3x}.$$

## Zadanie 109

Rozwiąż nierówność:

$$\frac{x^2-3}{x}>1-x.$$

## Zadanie 110

Rozwiąż nierówność:

$$\frac{|x-3|}{x+1}>2.$$

## Zadanie 111

Rozwiąż nierówność:

$$\frac{1}{x+2}+\frac{1}{x}<\frac{-x^2-2-2x}{x^2+2x}.$$

NOTATKI

....................................................................................................

....................................................................................................

....................................................................................................

....................................................................................................

....................................................................................................

....................................................................................................

....................................................................................................

# *4.8 CIĄGI LICZBOWE*

## *4.8.1 POJĘCIE CIĄGU*

### *4.8.1.1 STWIERDZENIE*

**Ciągiem nieskończonym nazywamy funkcję (zatem ciąg jest funkcją) określoną na zbiorze liczb naturalnych. Wartości tej funkcji nazywamy wyrazami ciągu. Ciąg nazywamy liczbowym, gdy jego wartości są liczbami.**

Przyjmujemy, że będziemy rozpatrywać ciągi, których dziedziną jest zbiór liczb naturalnych bez zera.

### *4.8.1.2 OKREŚLENIE CIĄGU*

Ciągi można określać w różny sposób. Najczęściej za pomocą przepisu słownego, wzoru ogólnego lub wzoru rekurencyjnego (indukcyjnego).

**Przykład:**

1) Każdej liczbie naturalnej n przyporządkujmy jej odwrotność.

Wzór ogólny: $a_n = \frac{1}{n}$

Wzór rekurencyjny: $\begin{cases} u_1 = 1 \\ \bigwedge\limits_{n \in N^+} u_n = \dfrac{1}{u_{n-1} + 1} \end{cases}$,

co oznacza, że każdy następny wyraz po $u_1$ obliczamy na podstawie powyższego wzoru. Różnica pomiędzy wzorem ogólnym a rekurencyjnym polega na tym, że w tym pierwszym możemy obliczyć dowolny wyraz danego ciągu, natomiast w drugim przypadku możemy obliczyć dany wyraz tylko wtedy, gdy znamy wartość wyrazu go poprzedzającego.

## *4.8.2 WŁASNOŚCI CIĄGÓW LICZBOWYCH*

### *4.8.2.1 MONOTONICZNOŚĆ CIĄGU*

1) Ciąg $a_n$ jest rosnący wtedy i tylko wtedy, gdy $a_n < a_{n+1}$ (czyli kiedy kolejne wyrazy ciągu są coraz większe).

2) Ciąg $a_n$ jest malejący wtedy i tylko wtedy, gdy $a_n > a_{n+1}$ (czyli kiedy kolejne wyrazy ciągu są coraz mniejsze).

3) Ciąg $a_n$ jest nierosnący wtedy i tylko wtedy, gdy $a_n \geq a_{n+1}$.

4) Ciąg $a_n$ jest niemalejący wtedy i tylko wtedy, gdy $a_n \leq a_{n+1}$.

### *4.8.2.2 BADANIE MONOTONICZNOŚCI CIĄGU*

Postępujemy podobnie, jak podczas badania monotoniczności funkcji.

**Przykład:**

*niech będzie dany ciąg :* $a_n = \frac{n+3}{n}$

*zatem :* $a_n = \frac{n+3}{n} \wedge a_{n+1} = \frac{(n+1)+3}{n+1} = \frac{n+4}{n+1}$

$$a_{n+1} - a_n = \frac{n+4}{n+1} - \frac{n+3}{n} = \frac{n(n+4)-(n+1)(n+3)}{n(n+1)} = \frac{n^2+4n-n^2-3n-n-3}{n(n+1)} =$$

$$= \frac{-3}{n(n+1)} < 0$$

*zatem :* $a_{n+1} - a_n < 0 \Leftrightarrow a_{n+1} < a_n \Leftrightarrow$ *ciąg jest malejący.*

Postępując podobnie zbadamy monotoniczność każdego ciągu.

## *4.8.3 CIĄG ARYTMETYCZNY*

### *4.8.3.1 OKREŚLENIE CIĄGU ARYTMETYCZNEGO*

**Ciągiem arytmetycznym** $a_n$ **nazywamy ciąg liczbowy co najmniej trzywyrazowy, w którym każdy wyraz począwszy od drugiego powstaje przez dodanie do wyrazu poprzedniego liczby r, zwanej różnicą ciągu.**

Ciąg arytmetyczny określimy za pomocą wzoru ogólnego:

$$\bigwedge_{n \in N^+} a_n = a_1 + (n-1) \cdot r$$

Wzorem rekurencyjnym możemy przedstawić ciąg arytmetyczny:

$$\begin{cases} a_1 = a \\ \bigwedge_{n\in N^+} a_{n+1} = a_n + r \end{cases}$$

Jeśli różnica r jest dodatnia, ciąg arytmetyczny jest rosnący, jeśli ujemna – malejący, jeśli równa 0 – stały.

#### *4.8.3.2 SUMA N-POCZĄTKOWYCH WYRAZÓW CIĄGU ARYTMETYCZNEGO*

$$\bigwedge_{n\in N^+} S_n = \frac{a_1 + a_n}{2}\cdot n \quad \text{lub} \quad \bigwedge_{n\in N^+} S_n = \frac{2a_1 + (n-1)r}{2}\cdot n$$

Warto pamiętać, że: $\bigwedge_{n\in N\setminus\{0,1\}} \frac{a_{n-1} + a_{n+1}}{2} = a_n$

### *4.8.4 CIĄG GEOMETRYCZNY*

#### *4.8.4.1 OKREŚLENIE CIĄGU GEOMETRYCZNEGO*

**Ciągiem geometrycznym $a_n$ nazywamy ciąg liczbowy co najmniej trzywyrazowy, w którym każdy wyraz począwszy od drugiego powstaje przez pomnożenie wyrazu poprzedniego przez liczbę q, zwaną ilorazem ciągu.**

Za pomocą wzoru ogólnego: $\bigwedge_{n\in N^+} a_n = a_1 \cdot q^{n-1} \wedge q \neq 0.$

Za pomocą wzoru rekurencyjnego: $\begin{cases} a_1 = a \\ \bigwedge_{n\in N^+} a_n = a_{n-1} \cdot q \end{cases}$

#### *4.8.4.2 SUMA N-POCZĄTKOWYCH WYRAZÓW CIĄGU GEOMETRYCZNEGO*

Jeżeli $a_n$ jest ciągiem geometrycznym o ilorazie q, to:

$$\begin{cases} q \neq 0 \Rightarrow \bigwedge_{n\in N^+} S_n = a_1 \cdot \dfrac{1-q^n}{1-q} \\ q = 1 \Rightarrow \bigwedge_{n\in N^+} S_n = n \cdot a_1 \end{cases}$$

Warto wiedzieć, że: $\bigwedge_{n\in N\setminus\{0,1\}} a_n = \sqrt{a_{n-1} \cdot a_{n+1}}$

## 4.8.5 CIĄGI ZBIEŻNE

### 4.8.5.1 DEFINICJA CIĄGU ZBIEŻNEGO DO LICZBY Q

$$\lim_{n\to\infty} a_n = q \Leftrightarrow \bigwedge_{E>0} \bigvee_{n_0} \bigwedge_{n>n_0} a_n \in U_{(q,E)}$$

Co oznacza: granicą ciągu, którego ilość wyrazów zmierza do nieskończoności, jest liczba Q wtedy i tylko wtedy, gdy dla każdego promienia otoczenia punktu Q istnieje takie $n_0$ (czyli istnieje taki n-zerowy wyraz ciągu), że wszystkie wyrazy począwszy od $n>n_0$ należą do otoczenia punktu Q o promieniu E.
Na rysunku możemy to przedstawić w następujący sposób:

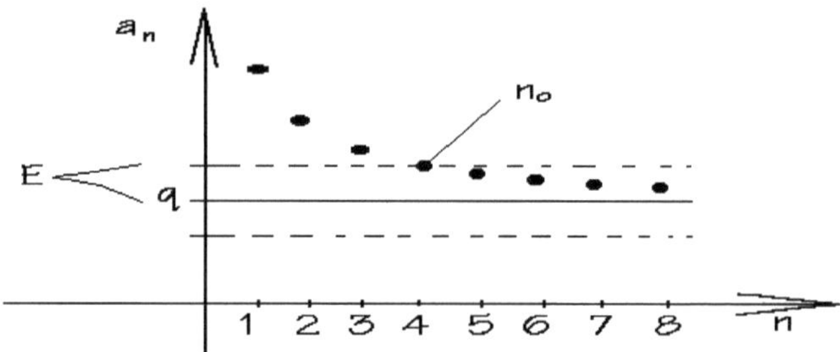


### 4.8.5.2 WŁASNOŚCI CIĄGÓW ZBIEŻNYCH

- $\lim_{n\to\infty} a_n = a \wedge k \in R \Rightarrow \lim_{n\to\infty} k \cdot a_n = k \cdot a$

Co oznacza, że jeżeli granicą jakiegoś ciągu jest liczba $a$, to granicą ciągu, którego wyrazy są k-krotnie większe, jest liczba $k \cdot a$.

- $\left(\lim_{n\to\infty} a_n = a \wedge \lim_{n\to\infty} b_n = b\right) \Rightarrow \begin{cases} \lim_{n\to\infty}(a_n + b_n) = a + b \\ \lim_{n\to\infty}(a_n \cdot b_n) = a \cdot b \\ \lim_{n\to\infty}\left(\frac{a_n}{b_n}\right) = \frac{a}{b} \Leftrightarrow \left(\bigwedge_{n\in N^+} b_n \neq 0 \wedge b \neq 0\right) \end{cases}$

Warto również wiedzieć, że:

- $|q| < 1 \Rightarrow \lim_{n\to\infty} a_1 \cdot q^{n-1} = 0$

Co oznacza, że granica ciągu geometrycznego o ilorazie $|q| < 1$ jest równa zero.

- $\lim_{n\to\infty} \frac{1}{n} = 0$

### *4.8.5.3 OBLICZANIE GRANICY CIĄGU*

**Przykład:**

Aby obliczyć granicę dowolnego ciągu zbieżnego postępujemy w następujący sposób:

$$\lim_{n\to\infty} \frac{3n^3 + 2n + 5}{4n^3 - 7n^2 + 1} = \lim_{n\to\infty} \frac{\frac{3n^3+2n+5}{n^3}}{\frac{4n^3-7n^2+1}{n^3}} =$$

$$= \lim_{n\to\infty} \frac{\frac{3n^3}{n^3} + \frac{2n}{n^3} + \frac{5}{n^3}}{\frac{4n^3}{n^3} - \frac{7n^2}{n^3} + \frac{1}{n^3}} = \lim_{n\to\infty} \frac{3 + \frac{2}{n^2} + \frac{5}{n^3}}{4 - \frac{7}{n} + \frac{1}{n^3}} = \frac{3+0+0}{4-0+0} = \frac{3}{4}$$

Zawsze staramy się podzielić licznik i mianownik przez wyraz w mianowniku o najwyższym wykładniku potęgowym celem użycia własności ciągu $\left(\frac{1}{n}\right)$.

### *4.8.5.4 SZEREG GEOMETRYCZNY NIESKOŃCZONY ZBIEŻNY*

Rozpatrujemy ciąg sum częściowych ciągu geometrycznego $a_n$

$$S_1 = a_1 \quad S_2 = a_1 + a_2 \quad S_3 = a_1 + a_2 + a_3 \quad \cdots \quad S_n = a_1 + a_2 + a_3 + \ldots + a_n$$

Jeżeli ciąg sum częściowych ciągu geometrycznego jest zbieżny, to jego granicę nazywamy sumą nieskończonego ciągu geometrycznego i oznaczamy przez S.

- $|q| < 1 \Rightarrow \lim_{n \to \infty} S_n = S = \frac{a_1}{1-q}$

**Przykład:**

Zamieńmy ułamek okresowy na ułamek zwykły.

$$0,(31) = 0,3131313131... = 0,31 + 0,0031 + 0,000031 + ...$$

$$a_1 = 0,31 \qquad q = 0,01$$

$$czyli: S = \frac{a_1}{1-q} = \frac{0,31}{1-0,01} = \frac{0,31}{0,99} = \frac{31}{99}$$

### *4.8.6 ZADANIA DO SAMODZIELNEGO ROZWIĄZANIA*

**Zadanie 112**

Oblicz granicę ciągu $\{a_n\}$, gdzie: $a_n = \frac{1+2+3+...+n}{n^2}$.

**Zadanie 113**

Udowodnij z definicji, że ciąg: $a_n = \frac{2}{3-n^2}$ ma granicę 0.

**Zadanie 114**

Wykaż, że ciąg o wyrazie ogólnym: $a_n = 1/n!$ jest malejący.

**Zadanie 115**

Wykaż, że ciąg $(n^2 - n)$ jest ciągiem rosnącym.

**Zadanie 116**

Wykaż, że ciąg o wyrazie ogólnym: $a_n = \frac{2^n}{n!} (n > 1)$ jest ciągiem malejącym.

**Zadanie 117**

Na podstawie definicji wykaż, że ciąg: $\left\{\frac{1}{n^2+3n+2}\right\}$ jest monotoniczny.

**Zadanie 118**

Zbadaj monotoniczność ciągu: $a_n = \frac{2n+1}{3n+1}$.

**Zadanie 119**

Który z ciągów:

$a_n = 2n + 1,$

$b_n = \frac{1}{2}n,$

$c_n = n(n + 1)$

jest ciągiem arytmetycznym?

**Zadanie 120**

Dana jest funkcja kwadratowa: $f(x) = ax^2 + bx + c, \quad a \neq 0.$

Udowodnij, że ciąg różnic: f (2) – f (1), f (3) – f (2), f (4) – f (3), ... jest ciągiem arytmetycznym.

**Zadanie 121**

Rozwiąż równanie:

$x^2 + x^3 + x^4 + ... = 0{,}5.$

**Zadanie 122**

W ciągu geometrycznym o parzystej liczbie wyrazów stosunek sumy parzystych wyrazów do sumy nieparzystych wyrazów wynosi 2. Suma pierwszego i trzeciego wyrazu wynosi 15. Znajdź pierwszy wyraz tego ciągu.

**Zadanie 123**

Trzy liczby, których iloczyn wynosi 64, tworzą ciąg geometryczny. Te same liczby tworzą również ciąg arytmetyczny. Jakie to liczby?

**Zadanie 124**

Suma logarytmów o podstawie 2 trzech pierwszych wyrazów nieskończonego ciągu geometrycznego wynosi 9. Znajdź sumę wyrazów tego ciągu, gdy jego pierwszym wyrazem jest 16.

**Zadanie 125**

W nieskończonym ciągu geometrycznym suma wyrazów o numerach parzystych jest równa 12, a suma wyrazów o numerach nieparzystych jest równa 36. Wyznacz ten ciąg.

**Zadanie 126**

Dla jakich wartości $x$ prawdziwa jest nierówność:

$x + 2x^2 + 4x^3 + 8x^4 + ... = \frac{x}{1-2x}$?

**Zadanie 127**

Dla jakich wartości $x$ nieskończony ciąg geometryczny o kolejnych wyrazach: $1,\ (x^2-3x+1),\ (x^2-3x+1)^2, \ldots$ jest zbieżny?

**Zadanie 128**

Czy ciąg sum częściowych nieskończonego ciągu geometrycznego o wyrazach $1,\ (1-2x),\ (1-2x)^2, \ldots$ może być zbieżny do liczby $0{,}25$?

**Zadanie 129**

Wyznacz granicę ciągu: $(\sqrt{n^2+n}-n)$.

**Zadanie 130**

Znajdź granicę ciągu: $(\sqrt{n^2-n}-n)$.

**Zadanie 131**

Oblicz granicę: $\lim\limits_{n\to\infty}\dfrac{1+\frac{1}{2}+\frac{1}{4}+\ldots+\frac{1}{2}n}{1+\frac{1}{3}+\frac{1}{9}+\ldots+\frac{1}{3}n}$.

NOTATKI

.............................................................................................................

.............................................................................................................

.............................................................................................................

.............................................................................................................

.............................................................................................................

.............................................................................................................

# *5. INDUKCJA MATEMATYCZNA I DWUMIAN NEWTONA*

## *5.1 INDUKCJA MATEMATYCZNA*

### *5.1.1 WŁASNOŚCI ZBIORU LICZB NATURALNYCH*

*1) Relacja mniejszości porządkuje zbiór liczb naturalnych.*
*2) Każda liczba naturalna posiada następnik.*
*3) W każdym niepustym podzbiorze zbioru liczb naturalnych istnieje liczba najmniejsza.*
*4) W każdym niepustym ograniczonym z góry podzbiorze zbioru liczb naturalnych istnieje liczba największa, liczba ta jest kresem górnym tego zbioru.*

### *5.1.2 ZASADA INDUKCJI MATEMATYCZNEJ*

Indukcja matematyczna jest narzędziem do dowodzenia twierdzeń, w których jest mowa o liczbach naturalnych.
Tok postępowania jest następujący:
• Sprawdzamy, czy twierdzenie jest słuszne dla pewnej liczby naturalnej n=k (przeważnie n=1).
Skoro twierdzenie jest słuszne dla pewnej liczby naturalnej n=k to zakładamy, że twierdzenie jest słuszne dla każdej liczby naturalnej $n \geq k$.
• Jeżeli twierdzenie jest słuszne dla $n \geq k$, to jest słuszne dla liczby n=k+1.
W ten sposób dowodzimy, że twierdzenie jest słuszne dla każdej liczby naturalnej począwszy od k.
Czyli jeżeli na przykład twierdzenie jest prawdziwe dla n=1, to jest prawdziwe dla n=1+1=2, n=2+1=3, n=3+1=4, n=4+1=5 itd.

#### *5.1.2.1 METODA PIERWSZA*

**Przykład:**
Udowodnimy następujące twierdzenie:

$$\bigwedge_{n \in N^+} 1+3+\ldots+(2n-1)=n^2$$

• Sprawdzamy twierdzenie dla n=1

$$\left.\begin{array}{r} L(1)=1 \\ P(1)=1^2=1 \end{array}\right\} \Rightarrow L(1)=P(1)$$

• Zakładamy, że twierdzenie jest prawdziwe dla $n \geq 1$

$$Z(k):\ 1+3+...+(2k-1)=k^2$$

• Wykażemy, że twierdzenie jest prawdziwe dla liczby następnej n=k+1

$$T(k+1):\ 1+3+...+(2k-1)+[2(k+1)-1]=(k+1)^2$$

Dochodzimy zatem do następującego wniosku:

$$L(k+1)=\underbrace{1+3+...+(2k-1)}_{k^2}+(2k+1)=k^2+2k+1=(k+1)^2=P(k+1)$$

W ten sposób metodą indukcji matematycznej udowodniliśmy twierdzenie.

### *5.1.2.2 METODA DRUGA*

Nie zawsze musimy tak przekształcać stronę lewą danego twierdzenia, aby otrzymać stronę prawą. Ten system w wielu przypadkach jest pracochłonny, a niekiedy nawet wymagający od nas tzw. „genialnych" pomysłów. Czasami znacznie wygodniej jest przekształcić stronę prawą tak, aby była równa lewej. Można również zastosować taki sposób: skoro mamy dowodzić, że L=P, to udowodnijmy, że $L-P=0$.
Jak wiele zyskamy tym przekształceniem, dowiemy się z poniższego nieco trudniejszego przykładu.

**Przykład:**
Dany jest ciąg liczbowy: 1,1,2,3,5,8,13,21..., w którym dwa pierwsze wyrazy są równe, a każdy następny jest równy sumie dwóch wyrazów bezpośrednio go poprzedzających. Udowodnimy, że n-ty wyraz tego ciągu wyraża się wzorem:

$$a_n=\frac{1}{\sqrt{5}}\left[\left(\frac{1+\sqrt{5}}{2}\right)^n-\left(\frac{1-\sqrt{5}}{2}\right)^n\right]$$

• Sprawdzamy wzór dla n=1

$$a_1 = \frac{1}{\sqrt{5}}\left(\frac{1+\sqrt{5}-1+\sqrt{5}}{2}\right) = \frac{2\sqrt{5}}{2\sqrt{5}} = 1 = \textit{pierwszy wyraz ciągu.}$$

• Zakładamy, że wzór jest prawdziwy dla $n \geq 1$

$$Z(k): a_k = \left[\left(\frac{1+\sqrt{5}}{2}\right)^k - \left(\frac{1-\sqrt{5}}{2}\right)^k\right]$$

• Wykażemy, że wzór jest prawdziwy dla liczby następnej n=k+1

$$T(k+1): a_{k-1} + a_k = a_{k+1}$$
$$T(k+1): a_{k-1} + a_k - a_{k+1} = 0$$
$$T(k+1): \frac{1}{\sqrt{5}}\left[\left(\frac{1+\sqrt{5}}{2}\right)^{k-1} - \left(\frac{1-\sqrt{5}}{2}\right)^{k-1}\right] +$$
$$+\frac{1}{\sqrt{5}}\left[\left(\frac{1+\sqrt{5}}{2}\right)^{k} - \left(\frac{1-\sqrt{5}}{2}\right)^{k}\right] - \frac{1}{\sqrt{5}}\left[\left(\frac{1+\sqrt{5}}{2}\right)^{k+1} - \left(\frac{1-\sqrt{5}}{2}\right)^{k+1}\right] = 0$$

$$\textit{dla ułatwienia niech}: \left(\frac{1+\sqrt{5}}{2}\right) = a \quad \wedge \quad \left(\frac{1-\sqrt{5}}{2}\right) = b$$

$$\textit{zatem}: T(k+1): \frac{1}{\sqrt{5}}\left(a^{k-1} - b^{k-1} + a^k - b^k - a^{k+1} + b^{k+1}\right) = 0 \,\Big|\cdot\sqrt{5}$$
$$\left[a^{k-1}\left(1+a-a^2\right) - b^{k-1}\left(1+b-b^2\right)\right] = 0$$

Ponieważ

$$a^{k-1} \neq 0 \wedge b^{k-1} \neq 0 \wedge a^{k-1} \neq b^{k-1}$$
$$\textit{zatem}: \left[a^{k-1}\left(1+a-a^2\right) - b^{k-1}\left(1+b-b^2\right)\right] = 0$$
$$\Updownarrow$$
$$\left(1+a-a^2\right) = 0 \wedge \left(1+b-b^2\right) = 0$$

Co możemy sprawdzić:

$$\left[1+\frac{1+\sqrt{5}}{2} - \left(\frac{1+\sqrt{5}}{2}\right)^2\right] = \frac{2+1+\sqrt{5}}{2} - \frac{1+2\sqrt{5}+5}{4} = 0$$
$$\left[1+\frac{1-\sqrt{5}}{2} - \left(\frac{1-\sqrt{5}}{2}\right)^2\right] = \frac{2+1-\sqrt{5}}{2} - \frac{1-2\sqrt{5}+5}{4} = 0$$

### *5.1.2.3 DALSZE PRZYKŁADY*

**Przykład 1:**

Udowodnijmy, że $\bigwedge_{n\in N^+} 11^{n+1}+12^{2n-1}$ jest podzielne przez 133.

• Sprawdzamy dla n=1

$$L = 11^2 + 12 = 133 = P$$

• Zakładamy, że wzór jest prawdziwy dla $n \geq 1$

$$Z(k) : 11^{k+1} + 12^{2k-1} = 133 \cdot \xi \quad \wedge \quad \xi \in N$$

Jeżeli liczba jest podzielna przez q, to jest równa wielokrotności q.

• Udowodnimy, że wzór jest prawdziwy dla n=k+1

$$T(k+1) : 11^{k+2} + 12^{2(k+1)-1} = 133\eta \quad \wedge \quad \eta \in N$$

$$T(k+1) : 11^{k+2} + 12^{2k+1} = 133 \cdot \eta$$

$$L = 11^{k+2} + 12^{2k+1} = 11 \cdot (11^{k+1} + 12^{2k-1}) - 11 \cdot 12^{2k-1} + 12^{2k+1} = 11 \cdot 133 \cdot \xi - 11 \cdot 12^{2k-1} + 12^{2k+1} =$$

$$= 11 \cdot 133 \cdot \xi + 12^{2k-1} \cdot (12^2 - 11) = 11 \cdot 133 \cdot \xi + 12^{2k-1} \cdot (144 - 11) = 11 \cdot 133 \cdot \xi + 12^{2k-1} \cdot 133 =$$

$$= 133 \cdot (11 \cdot \xi + 12^{2k-1}) = 133 \cdot \eta = P$$

**Przykład 2:**

Udowodnijmy, że $\bigwedge_{n\in N\setminus\{0,1\}} 3^n > n \cdot 2^n$

• Sprawdzamy wzór dla n=2

$$\left.\begin{array}{l} L = 3^2 = 9 \\ P = 2 \cdot 2^2 = 8 \end{array}\right\} \Rightarrow L > P$$

• Zakładamy, że wzór jest prawdziwy dla $n \geq 2$

$$3^k > k \cdot 2^k$$

• Udowodnimy, że wzór jest prawdziwy dla n=k+1

$T(k+1): 3^{k+1} > (k+1)\cdot 2^{k+1} \quad \{3^{k+1} = 3\cdot 3^k > 3\cdot k\cdot 2^k\}$

$$3\cdot k\cdot 2^k > (k+1)\cdot 2^{k+1}$$

$$\Updownarrow$$

$$3\cdot k\cdot 2^k - (k+1)\cdot 2^{k+1} > 0$$

$$\Updownarrow$$

$$2^k\cdot[3k-(k+1)\cdot 2] > 0 \;\big|: 2^k$$

$$\Updownarrow$$

$$3k-2k-2>0 \Leftrightarrow k-2>0 \Leftrightarrow k>2$$

# 5.2 DWUMIAN NEWTONA

## 5.2.1 POJĘCIE SILNI

### 5.2.1.1 DEFINICJA

$$\bigwedge_{n\in N\setminus\{0,1\}} n! = 1\cdot 2\cdot 3\cdot \ldots \cdot (n-1)\cdot n \;\wedge\; \begin{cases} 0! = 1 \\ 1! = 1 \end{cases}$$

Oznacza to, że "n-silnia" jest to iloczyn kolejnych liczb naturalnych od jedności do n.

**Przykład:**

$6! = 1\cdot 2\cdot 3\cdot 4\cdot 5\cdot 6 = 720$

Warto zapamiętać, że : $n! = (n-1)!\cdot n = (n-2)!\cdot (n-1)\cdot n \;\; itd.$

## 5.2.2 SYMBOL NEWTONA

### 5.2.2.1 DEFINICJA

$$\bigwedge_{n,k\in N\wedge k\le n} \binom{n}{k} = \frac{n!}{k!\cdot(n-k)!}$$

Symbol $\binom{n}{k}$ czytamy: n nad k, n po k.

**Przykład:**

$$\binom{8}{3} = \frac{8!}{3!\cdot(8-3)!} = \frac{8!}{3!\cdot 5!} = \frac{5!\cdot 6\cdot 7\cdot 8}{3!\cdot 5!} = 56$$

### 5.2.2.2 *WŁASNOŚCI SYMBOLU NEWTONA*

- $\binom{n}{k} = \binom{n}{n-k}$
- $\binom{n}{k} + \binom{n}{k+1} = \binom{n+1}{k+1}$

## 5.2.3 *DWUMIAN NEWTONA*

### 5.2.3.1 *DEFINICJA*

$$\bigwedge_{n \in N} (a+b)^n = \binom{n}{0} \cdot a^n + \binom{n}{1} \cdot a^{n-1} \cdot b^1 + \binom{n}{2} \cdot a^{n-2} \cdot b^2 + \ldots + \binom{n}{n-1} \cdot a^1 \cdot b^{n-1} + \binom{n}{n} \cdot b^n$$

**Przykład:**

$$(a+b)^3 = \binom{3}{0} \cdot a^3 + \binom{3}{1} \cdot a^2 \cdot b + \binom{3}{2} \cdot a \cdot b^2 + \binom{3}{3} \cdot b^3 = a^3 + 3a^2b + 3ab^2 + b^3$$

### 5.2.3.2 *TRÓJKĄT PASCALA*

Czasami, zamiast obliczać kolejne symbole Newtona w celu obliczenia współczynników przy niewiadomych, warto skorzystać z tzw. Trójkąta Pascala podającego owe współczynniki:

| | |
|---|---|
| **1** | **dwumian do potęgi "0"** |
| **1 1** | **do potęgi "1"** |
| **1 2 1** | **do potęgi "2"** |
| **1 3 3 1** | **do potęgi "3"** |
| **1 4 6 4 1** | **do potęgi "4"** |
| **1 5 10 10 5 1** | **do potęgi "5"** |
| **1 6 15 20 15 6 1** | **do potęgi "6"** |

Trójkąt tworzymy, począwszy od trzeciego wiersza, dodając cyfry stojące powyżej wiersza tworzonego.

Kolejnym wierszom trójkąta odpowiadają kolejne wartości *n*, kolejnym wyrazom w każdym wierszu – kolejne wartości *k*.

Skrajne wyrazy w każdym wierszu równe są jedności, każdy wyraz (poza skrajnymi) jest sumą dwu wyrazów stojących bezpośrednio nad nim, w poprzednim wierszu.[11]

## *5.3 ZADANIA DO SAMODZIELNEGO ROZWIĄZANIA*

**Zadanie 132**

Stosując metodę indukcji matematycznej wykaż, że dla $a \neq 1$

$$\bigwedge_{n \in N} a + a^2 + a^3 + \ldots + a^n = \frac{a(a^n - 1)}{a - 1}.$$

**Zadanie 133**

Udowodnij, że dla każdej liczby naturalnej n zachodzi równość:

$$1^2 - 2^2 + 3^2 - 4^2 + \ldots + (-1)^{n-1} n^2 = (-1)^{n-1} \frac{n(n+1)}{2}.$$

**Zadanie 134**

Wykaż, że dla każdego naturalnego *n* liczba $7^n - 1$ jest podzielna przez 3.

**Zadanie 135**

Udowodnij, że:

$$1 \cdot 1! + 2 \cdot 2! + 3 \cdot 3! + 4 \cdot 4! + \ldots + n \cdot n! = (n+1)! - 1.$$

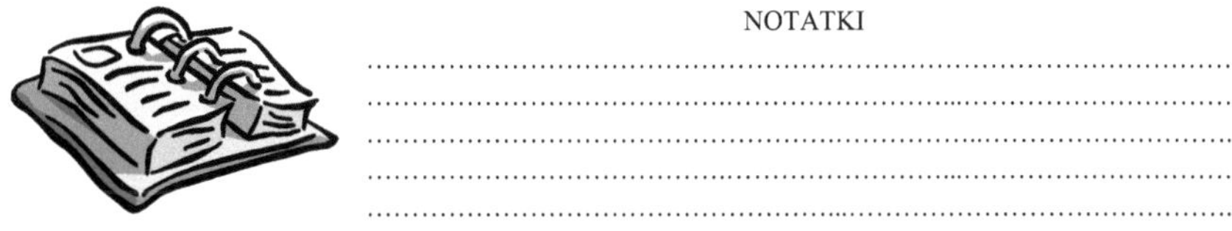


[11] Dla zainteresowanych:
https://upload.wikimedia.org/wikipedia/commons/thumb/6/68/Pascal%27s_Triangle_divisible_by_3.svg/1280px-Pascal%27s_Triangle_divisible_by_3.svg.png

# 6. ELEMENTY KOMBINATORYKI

Metody kombinatoryczne pozwalają podać liczbę możliwych wyników danego doświadczenia bez konieczności ich wypisywania.

## 6.1 PERMUTACJE

### 6.1.1 DEFINICJA

**Permutacją n-różnych elementów nazywamy każdy ciąg n-wyrazowy utworzony ze wszystkich tych elementów.**

Rozróżniamy permutacje bez powtórzeń oraz permutacje z powtórzeniami.

#### 6.1.1.1 PERMUTACJE BEZ POWTÓRZEŃ

**Przykład:**

Zgodnie z tym, co powiedzieliśmy w definicji, jeżeli mamy np. zbiór Z trzech różnych elementów a, b, c, czyli Z={a,b,c}, to permutacje tych trzech elementów będą wyglądać następująco:

(a,b,c) ; (a,c,b) ; (b,a,c) ; (c,b,a) ; (c,a,b) ; (b,c,a).

Czasami trzeba szybko dowiedzieć się, ile jest możliwych permutacji w danym zbiorze elementów, a nie ma czasu na wypisywanie wszystkich możliwości lub jest to po prostu niemożliwe ze względu na liczbę elementów w zbiorze. Wówczas korzystamy z wzoru określającego liczbę permutacji w danym zbiorze n-elementowym:

$P_n = n!$

Dla powyższego przykładu $P_3 = 3! = 6$.

#### 6.1.1.2 PERMUTACJE Z POWTÓRZENIAMI

Może się zdarzyć, że w zbiorze n-elementowym wystąpią wyrazy identyczne, np. w zbiorze trzyelementowym wystąpią dwa elementy takie same. Wówczas permutacji jest mniej. Weźmy zbiór L={a,b,a}. Możliwych permutacji tego zbioru jest: (a,b,a); (b,a,a); (a,a,b), czyli trzy, a nie sześć, jakby to wynikało z poprzedniego wzoru.

Jeżeli w zbiorze n-elementowym jest k-elementów, które się powtarzają (w naszym przypadku k=1, bo tylko jeden element się powtarza, mianowicie literka a), to korzystamy ze wzoru:

$\overline{P_n} = \dfrac{n!}{n_1! \cdot n_2! \cdot \ldots \cdot n_k!}$ gdzie : $\overline{P}$ - liczba permutacji z powtórzeniami

$n_k$ - krotność k-tego elementu

W naszym przypadku k=1, jego krotność $n_1 = 2$, bowiem powtarza się on dwa razy, czyli:

$$\overline{P_3} = \frac{3!}{2!} = \frac{6}{2} = 3$$

**Przykład:**
Wyznaczmy liczbę permutacji w zbiorze D={częstochowa}.
k=2, bowiem mamy dwa elementy, które się powtarzają: c, o.
$n_1 = 2$
$n_2 = 2$ zarówno c, jak i o powtarzają się dwa razy. $\overline{P_{11}} = \dfrac{11!}{2! \cdot 2!} = 9979200$

## *6.2 KOMBINACJE*

### *6.2.1 DEFINICJA*

**K-elementową kombinacją n-elementowego zbioru Z nazywamy każdy k-elementowy podzbiór zbioru Z, gdzie $0 \le k \le n$. Rozróżniamy kombinacje z powtórzeniami oraz kombinacje bez powtórzeń.**

#### *6.2.1.1 KOMBINACJE BEZ POWTÓRZEŃ*

Jeżeli dany jest zbiór czteroelementowy Z={a,b,c,d}, to kombinacjami tego zbioru są: {a,b}; {a,c}; {a,d}; {b,c}; {b,d}; {c,d}.
Aby znaleźć liczbę k-elementowych kombinacji zbioru n-elementowego także, jak w przypadku permutacji, wystarczy podstawić dane do następującego wzoru:

$$C_{n,k} = \binom{n}{k} = \frac{n!}{k! \cdot (n-k)!} \qquad n \in N^+ \wedge k \in N \wedge k \le n$$

**Przykład:**
W turnieju szachowym każdy z uczestników rozgrywa z każdym jedną partię. Łącznie rozegrano 45 partii. Ilu było uczestników?

$D=\{n: n\in N \wedge n\geq 2\}$

$$C_{n,2}=45 \Leftrightarrow \binom{n}{2}=45 \Leftrightarrow \frac{n!}{2!(n-2)!}=45 \Leftrightarrow \frac{(n-2)!(n-1)n}{2(n-2)!}=45 \Leftrightarrow \frac{(n-1)n}{2}=45 \Leftrightarrow$$

$\Leftrightarrow n(n-1)=90 \Leftrightarrow n^2-n-90=0$

$\Delta=361$

$\sqrt{\Delta}=19 \qquad n_1=10;\, n_2=-9\notin D$

Odpowiedź:
W turnieju szachowym było 10-ciu uczestników.

### *6.2.1.2 KOMBINACJE Z POWTÓRZENIAMI.*

A teraz zastanówmy się, ile dwuelementowych podzbiorów możemy utworzyć ze zbioru trzyelementowego w momencie, gdy elementy te mogą się powtarzać. Niech będzie dany zbiór Z={a,b,c}
A oto podzbiory dwuelementowe tego zbioru: {a,a}; {b,b}; {c,c}; {a,b}; {b,c}; {a,c}.
Interesują nas oczywiście tylko pary elementów, które można utworzyć z elementów zbioru Z, czyli np. para {a,b} i {b,a} jest tą samą kombinacją dwóch tych samych elementów.
Takich kombinacji jest sześć. O liczbie kombinacji k-elementowych zbioru n-elementowego, gdzie elementy te mogą się powtarzać, informuje nas następujący wzór:

$$\overline{C_{n,k}}=\binom{n+k-1}{k} \qquad n\in N^+ \wedge k\in N$$

**Przykład:**
Ile podzbiorów 4-elementowych można utworzyć ze zbioru Z, jeśli te elementy mogą się powtarzać, a kolejność ich nie ma znaczenia?

$$\overline{C_{2,4}}=\binom{2+4-1}{4}=\binom{5}{4}=\frac{5!}{4!\cdot 1!}=5$$

A oto te kombinacje: {a,a,a,a}; {b,b,b,b,}; {a,a,a,b}; {a,a,b,b,}; {a,b,b,b}.
Wszystko się zgadza.

## *6.3 WARIACJE*

### *6.3.1 DEFINICJA*

**Każdą permutację p różnych elementów z danych n elementów nazywamy wariacją n elementów po p. Rozróżniamy wariacje bez powtórzeń i wariacje z powtórzeniami.**

#### *6.3.1.1 WARIACJE BEZ POWTÓRZEŃ*

Ogólnie mówiąc wariacje bez powtórzeń są to kombinacje bez powtórzeń, w których kolejność elementów w podzbiorach ma znaczenie. Czyli liczba wariacji ze zbioru n-elementowego po k-elementów jest to liczba kombinacji zbioru n-elementowego po k-elementów pomnożona przez ilość możliwych permutacji podzbioru k-elementowego. Omówmy wariacje na przykładzie.

**Przykład:**

Niech będzie dany zbiór Z={a,b,c}.
Ilość możliwych podzbiorów dwuelementowych, w których kolejność ma znaczenie, przedstawimy poniżej:
{a,b}; {b,a}; {a,c}; {c,a}; {b,c}; {c,b}. Jest ich sześć.

$$V_{n,k} = C_{n,k} \cdot k! = \binom{n}{k} \cdot k! = \frac{n!}{(n-k)!} \qquad n \in N^{+} \wedge k \in N \wedge n \geq k$$

#### *6.3.1.2 WARIACJE Z POWTÓRZENIAMI*

Wariacje z powtórzeniami są to kombinacje z powtórzeniami, w których kolejność elementów w podzbiorach ma znaczenie.

**Przykład:**

Ile jest możliwych podzbiorów dwuelementowych utworzonych ze zbioru Z={a,b} takich, że kolejność elementów w tych podzbiorach ma znaczenie?
Oto te podzbiory: {a,a}; {b,b}; {a,b}; {b,a}.
Zwróćmy uwagę na różnicę pomiędzy kombinacjami z powtórzeniami a wariacjami z powtórzeniami. Ilość kombinacji z powtórzeniami tego samego zbioru przedstawiałaby się następująco:
{a,a}; {a,b}; {b,b}.

Ilość kombinacji z powtórzeniami można obliczyć ze wzoru: $\overline{V_{n,k}} = n^k$

W tym przypadku byłoby: $\overline{V_{2,2}} = 2^2 = 4$

Jeżeli chcielibyśmy obliczyć ilość wariacji z powtórzeniami dla zbioru Z={a,b}, ale po 4 elementy, wówczas zgodnie ze wzorem: $\overline{V_{2,4}} = 2^4 = 16$.

## *6.4 ZADANIA DO SAMODZIELNEGO ROZWIĄZANIA*

**Zadanie 136**

Używając stosownego wzoru oblicz, ile wyrazów (mających sens lub nie) można utworzyć z liter słowa KONTRAKT.

**Zadanie 137**

Z talii 52 kart losujemy osiem kart. Na ile sposobów można wylosować dokładnie trzy króle? Na ile sposobów można wylosować dwa asy i dwie damy?

**Zadanie 138**

W loterii bierze udział 20 osób. Na ile sposobów można wylosować trzech laureatów do trzech różnych nagród?

**Zadanie 139**

Oblicz, ile jest możliwości utworzenia czterocyfrowego kodu nie zawierającego zera i dziewiątki.

NOTATKI

.........................................................................................

.........................................................................................

.........................................................................................

.........................................................................................

.........................................................................................

.........................................................................................

.........................................................................................

# 7. *RACHUNEK PRAWDOPODOBIEŃSTWA*

Zanim zajmiemy się obliczaniem prawdopodobieństwa[12], wprowadźmy kilka charakterystycznych dla tego zagadnienia pojęć.
Doświadczenie, które może być powtarzane wielokrotnie w jednakowych lub bardzo zbliżonych warunkach i którego wyniku nie można jednoznacznie przewidzieć, nazywamy **doświadczeniem losowym**. Poszczególne wyniki doświadczenia losowego nazywamy **zdarzeniami elementarnymi**, natomiast zbiór wszystkich możliwych zdarzeń elementarnych – **przestrzenią zdarzeń elementarnych** (oznaczamy ją symbolem $\Omega$).
Zdarzeniem losowym nazywamy dowolny podzbiór zbioru $\Omega$ i oznaczamy dużą literą A, B itd. Elementy zdarzenia A nazywamy wynikami „sprzyjającymi" zdarzeniu A. Liczbę elementów skończonego zbioru A oznaczamy $\overline{\overline{A}}$ lub $|A|$ (tzw. liczność czy moc zbioru).

**Przykład:**

Doświadczenie losowe polega na jednokrotnym rzucie symetryczną kostką sześcienną. Zbiorem wszystkich możliwych wyników tego doświadczenia, czyli zbiorem zdarzeń elementarnych, jest zbiór:
$\Omega = \{1,2,3,4,5,6\}$.
Wyznaczmy zbiór zdarzeń sprzyjających temu, że wyrzucona liczba oczek będzie liczbą pierwszą: A= $\{2,3,5\}$.
Zdarzeniami sprzyjającymi temu, że wypadnie liczba naturalna, będzie natomiast cały zbiór $\Omega$: B= $\Omega$. O zdarzeniu B powiemy, że jest to zdarzenia pewne.
Z kolei zdarzenie C polegające na tym, że wyrzucona liczba oczek będzie dwucyfrowa, jest zdarzeniem niemożliwym: C = ø (pusty podzbiór $\Omega$).

---

[12] W rozumieniu potocznym wyraz „prawdopodobieństwo" odnosi się do oczekiwania względem rezultatu zdarzenia, którego wynik nie jest znany (niezależnie od tego, czy jest ono w jakimś sensie zdeterminowane, miało miejsce w przeszłości, czy dopiero się wydarzy); w ogólności należy je rozumieć jako pewną miarę przewidywalności bądź pewności względem zjawiska (przy danej o nim wiedzy), co umożliwia ocenę potencjalnie związanego z nim ryzyka. Matematyczna teoria prawdopodobieństwa wywodzi się z analizy gier losowych podjętej w siedemnastym wieku przez Pierre de Fermata oraz Blaise Pascala.

## *7.1 KLASYCZNA DEFINICJA PRAWDOPODOBIEŃSTWA*

Niech $\Omega$ będzie skończonym zbiorem wszystkich zdarzeń elementarnych. Jeżeli wszystkie zdarzenia jednoelementowe są jednakowo prawdopodobne, to prawdopodobieństwo zdarzenia A $\subset$ $\Omega$ jest równe

$$P(A)=\frac{|A|}{|\Omega|},$$

gdzie $|A|$ oznacza liczbę elementów zbioru A, zaś $|\Omega|$ – liczbę elementów zbioru $\Omega$.

**Przykład:**

Rzucamy jednocześnie symetryczną kostką sześcienną i symetryczną monetą. Wyznaczmy zbiór zdarzeń elementarnych tego doświadczenia, a następnie prawdopodobieństwa zdarzeń: A – na kostce wypadła parzysta liczba oczek, B – wypadła reszka i liczba oczek większa od dwóch.
Zbiór zdarzeń elementarnych składa się z wszystkich możliwych wyników tego doświadczenia, a więc:
$\Omega$={1o, 2o, 3o, 4o, 5o, 6o, 1r, 2r, 3r, 4r, 5r, 6r} (o oznacza wyrzucenie orła, r – reszki). Moc zbioru $\Omega$ wynosi $|\Omega|$=12.
Wypiszmy elementy zbioru A: A = {2o, 4o, 6o, 2r, 4r, 6r}, $|A|$=6,
zatem prawdopodobieństwo zdarzenia A wynosi: $P(A)=\frac{|A|}{|\Omega|}=\frac{6}{12}=\frac{1}{2}$

A teraz prawdopodobieństwo zdarzenia B:
B = {3r, 4r, 5r, 6r}, $|B|$=4, a więc $P(B)=\frac{|B|}{|\Omega|}=\frac{4}{12}=\frac{1}{3}$.

## *7.2 WŁASNOŚCI PRAWDOPODOBIEŃSTWA*

Niech $\Omega$ będzie zbiorem zdarzeń elementarnych danego doświadczenia. Wówczas zachodzą własności:

$0 \le P(A) \le 1$ *dla każdego zdarzenia* $A \subset \Omega$

$P(\Omega)=1,\ \Omega$ *– zdarzenie pewne*

$P(\theta)=0,\ \varnothing$ *– zdarzenie niemożliwe (pusty podzbiór* $\Omega$*)*

$P(A) \leq P(B)$, *gdy* $A \subset B \subset \Omega$

$P(A') = 1 - P(A)$, *gdzie* $A'$ *oznacza zdarzenie przeciwne do zdarzenia* $A$

$P(A \cup B) = P(A) + P(B) - P(A \cap B)$, *dla dowolnych zdarzeń* $A, B \subset \Omega$.

**Przykład:**

Obliczmy prawdopodobieństwo iloczynu zdarzeń A i B wiedząc, że: $P(A) = \frac{2}{3}$,

$P(B') = 0{,}75$, $P(A \cup B) = \frac{5}{6}$

Skorzystamy z ostatniej z powyższych własności:

$P(A \cup B) = P(A) + P(B) - P(A \cap B)$.

Aby jej użyć, musimy najpierw policzyć prawdopodobieństwo zdarzenia B. Skorzystamy zatem z własności prawdopodobieństwa zdarzenia przeciwnego do zdarzenia B:

$$P(B') = 1 - P(B)$$
$$0{,}75 = 1 - P(B)$$
$$P(B) = 0{,}25$$

Możemy teraz wrócić do wzoru na prawdopodobieństwo sumy dwóch zdarzeń:

$$P(A \cup B) = P(A) + P(B) - P(A \cap B)$$
$$\frac{5}{6} = \frac{2}{3} + 0{,}25 - P(A \cap B)$$
$$\frac{10}{12} = \frac{8}{12} + \frac{3}{12} - P(A \cap B)$$
$$P(A \cap B) = \frac{1}{12}$$

## *7.3 PRAWDOPODOBIEŃSTWO WARUNKOWE*

**Prawdopodobieństwem warunkowym** $P(A \setminus B)$ zajścia zdarzenia A pod warunkiem, że zaszło zdarzenie B, gdy $P(B) > 0$, nazywamy liczbę $P(A \setminus B) = \frac{P(A \cap B)}{P(B)}$, gdzie $A, B \subset \Omega$.

## 7.4 PRAWDOPODOBIEŃSTWO CAŁKOWITE

Twierdzenie o prawdopodobieństwie całkowitym to twierdzenie pozwalające na obliczanie prawdopodobieństw zdarzeń, które mogą zajść w konsekwencji zajścia innych zdarzeń, takich jak doświadczenia wieloetapowe.

Jeżeli zdarzenia losowe $B_1, B_2, ..., B_n$ zawarte w zbiorze $\Omega$ spełniają warunki:

1. $B_1, B_2, ..., B_n$ są parami rozłączne, tj. $B_i \cap B_j = \emptyset$ dla $i \neq j$, $1 \leq i \leq n$, $1 \leq j \leq n$,
2. $B_1 \cup B_2 \cup ... \cup B_n = \Omega$,
3. $P(B_i) > 0$ dla $1 \leq i \leq n$,

to dla każdego zdarzenia losowego $A \subset \Omega$ zachodzi równość:

$P(A) = P(A \setminus B_1) \cdot P(B_1) + P(A \setminus B_2) \cdot P(B_2) + ... + P(A \setminus B_n) \cdot P(B_n)$.

Typowym zastosowaniem dla prawdopodobieństwa całkowitego jest sytuacja, w której dane zdarzenie może zajść na kilka sposobów, przy czym każdy sposób realizuje się z określonym prawdopodobieństwem. Twierdzenie – zgodnie ze swą nazwą – pozwala obliczyć całkowite prawdopodobieństwo zajścia danego zdarzenia.

## 7.5 ZADANIA DO SAMODZIELNEGO ROZWIĄZANIA

**Zadanie 140**

Z urny, zawierającej 5 kul białych i 3 czerwone, losujemy dwukrotnie bez zwracania. Oblicz prawdopodobieństwo wylosowania dwóch kul różnego koloru.

**Zadanie 141**

Rzucamy dwukrotnie symetryczną kostką sześcienną. Wyznacz zbiór zdarzeń elementarnych tego doświadczenia, a następnie oblicz prawdopodobieństwo tego, że obie wyrzucone liczby będą liczbami pierwszymi.

**Zadanie 142**

Zdarzenia A i B są zdarzeniami elementarnymi zbioru $\Omega$. Wiedząc, że P(A')=0,8, P(A$\cup$B)=0,9, P(A$\cap$B)=0,1, oblicz prawdopodobieństwo zdarzenia B.

**Zadanie 143**

Ze zbioru liczb $\{1, 2, 3, 4, 5, 6, 7\}$ losujemy jedną liczbę.

a) zapisz zdarzenie A „wylosowano liczbę większą od 3";

b) zapisz zdarzenie przeciwne do zdarzenia A;

c) zapisz zdarzenie pewne w tym doświadczeniu;

d) podaj przykład zdarzenia niemożliwego w tym doświadczeniu.

NOTATKI

..........................................................................................................

..........................................................................................................

..........................................................................................................

..........................................................................................................

..........................................................................................................

..........................................................................................................

..........................................................................................................

# 8. ELEMENTY STATYSTYKI

## 8.1 ŚREDNIA ARYTMETYCZNA, GEOMETRYCZNA, WAŻONA

### 8.1.1 ŚREDNIA ARYTMETYCZNA

**Średnia arytmetyczna** $n$ liczb $a_1, a_2, ..., a_n$ jest równa:

$$\frac{a_1 + a_2 + ... + a_n}{n} = \overline{a}$$

**Przykład:**
Obliczmy x wiedząc, że średnia arytmetyczna liczb 12, -3, x, 5 wynosi 8.
Korzystamy z definicji średniej arytmetycznej:

$$\frac{12 - 3 + x + 5}{4} = 8$$

$$14 + x = 32$$

$$x = 18$$

### 8.1.2 ŚREDNIA WAŻONA

**Średnia ważona** $n$ liczb $a_1, a_2, ..., a_n$, którym przypisano odpowiednio dodatnie wagi $w_1, w_2, ..., w_n$,
jest równa:

$$\frac{a_1 \cdot w_1 + a_2 \cdot w_2 + ... + a_n \cdot w_n}{w_1 + w_2 + ... + w_n}$$

**Przykład:**
W tabeli podane są liczby i odpowiadające im wagi:

| Liczba | 11 | 2 | 7 |
|---|---|---|---|
| Waga | 0,3 | 0,6 | 0,1 |

Obliczmy średnią ważoną tych liczb:

$$\frac{a_1 \cdot w_1 + a_2 \cdot w_2 + a_3 \cdot w_3}{w_1 + w_2 + w_3} = \frac{11 \cdot 0{,}3 + 2 \cdot 0{,}6 + 7 \cdot 0{,}1}{0{,}3 + 0{,}6 + 0{,}1} = \frac{3{,}3 + 1{,}2 + 0{,}7}{1} = 5{,}2.$$

### *8.1.3 ŚREDNIA GEOMETRYCZNA*

**Średnia geometryczna** $n$ nieujemnych liczb $a_1, a_2, \dots, a_n$ jest równa:
$\sqrt[n]{a_1 \cdot a_2 \cdot \ldots \cdot a_n}$

## *8.2 MIARY TENDENCJI CENTRALNEJ*

### *8.2.1 MEDIANA*

**Medianą** uporządkowanego w kolejności niemalejącej zbioru $n$ danych liczbowych
$a_1 \le a_2 \le \ldots \le a_n$ jest:
– dla $n$ nieparzystych: $a_{\frac{n+1}{2}}$ (środkowy wyraz ciągu),

– dla $n$ parzystych: $\frac{1}{2}\left(a_{\frac{n}{2}} + a_{\frac{n}{2}+1}\right)$ (średnia arytmetyczna środkowych wyrazów ciągu).

### *8.2.2 DOMINANTA*

**Dominantą** (inaczej **modą, modalną**) zestawu danych statystycznych nazywamy tę wartość cechy statystycznej, która w zestawie danych występuje najczęściej.

**Przykład:**
Obliczmy medianę i dominantę podanego zbioru liczb:
1, 2, 5, 3, 1, 7, 2, 2, 9, 8, 7
Aby wyznaczyć medianę tego ciągu, porządkujemy wszystkie elementy w kolejności niemalejącej:
1, 1, 2, 2, 2, 3, 5, 7, 7, 8, 9.
Ponieważ mamy nieparzystą liczbę elementów, medianą będzie wyraz środkowy uporządkowanego ciągu, w naszym przypadku liczba 3.
Dominantą, czyli liczbą najczęściej występującą, jest liczba 2.

**Przykład:**
Tym razem obliczymy medianę i dominantę innego zbioru liczb:
0, 1, 5, 12, 3, 1, 7, -4, 2, 7

Ponownie porządkujemy wszystkie elementy w kolejności niemalejącej:
-4, 0, 1, 1, 2, 3, 5, 7, 7, 12
Ponieważ tym razem mamy parzystą liczbę elementów, medianą będzie średnia arytmetyczna dwóch stojących na środku wyrazów, tj. 2 i 3:

$$\frac{2+3}{2}=2{,}5$$

Dominantą jest w tym przykładzie liczba 7.

## 8.3 *MIARY ROZPROSZENIA DANYCH*

**Wariancją** $n$ danych liczbowych $a_1, a_2, ..., a_n$ o średniej arytmetycznej $\overline{a}$ jest liczba:

$$\sigma^2=\frac{(a_1-\overline{a})^2+(a_2-\overline{a})^2+...+(a_n-\overline{a})^2}{n}.$$

Alternatywnie możemy liczyć wariancję ze wzoru: $\sigma^2=\frac{a_1^{\ 2}+a_2^{\ 2}+...+a_n^{\ 2}}{n}-(\overline{a})^2$.

**Odchylenie standardowe** σ jest pierwiastkiem kwadratowym z wariancji.

**Przykład:**

Obliczmy odchylenie standardowe zbioru liczb: 12, 8, 9, 7.
Pierwszą nasza czynnością będzie policzenie średniej arytmetycznej tego zbioru:

$$\frac{12+8+9+7}{4}=\frac{36}{4}=9.$$

Liczymy wariancję z pierwszego wzoru:

$$\sigma^2=\frac{(a_1-\overline{a})^2+(a_2-\overline{a})^2+...+(a_n-\overline{a})^2}{n}=\frac{(12-9)^2+(8-9)^2+(9-9)^2+(7-9)^2}{4}=$$
$$=\frac{9+1+0+4}{4}=\frac{14}{4}$$

Mamy już wariancję, zatem liczymy odchylenie standardowe wyciągając pierwiastek kwadratowy z wariancji:

$$\sigma = \sqrt{\sigma^2} = \sqrt{\frac{14}{4}} = \frac{\sqrt{14}}{2}.$$

**Przykład:**

Podsumujmy naszą wiedzę ze statystyki następującym przykładem:

Obliczymy medianę, dominantę, średnią arytmetyczną i odchylenie standardowe danych przedstawionych w tabeli:

| Wartość | 0 | 1 | 2 | 3 | 4 |
|---|---|---|---|---|---|
| Liczebność | 4 | 5 | 2 | 1 | 3 |

Dominantą badanego zbioru jest oczywiście liczba 1, która występuje najczęściej, mianowicie 5 razy.
Danych, wśród których mamy wskazać medianę, jest 15, zatem musimy znaleźć środkowy wyraz tego zbioru (porządkować już nie musimy). Dla ułatwienia wypiszmy wszystkie badane wartości:
0, 0, 0, 0, 1, 1, 1, 1, 1, 2, 2, 3, 4, 4, 4.
Elementem środkowym (na miejscu ósmym) jest liczba 1 i to ona jest medianą tego zbioru.

A teraz średnia arytmetyczna:

$$\frac{4\cdot 0 + 5\cdot 1 + 2\cdot 2 + 1\cdot 3 + 3\cdot 4}{15} = \frac{0+5+4+3+12}{15} = \frac{24}{15} = 1{,}6.$$

Ostatnim etapem zadania będzie policzenie wariancji i odchylenia standardowego. Tym razem, ponieważ średnia w postaci ułamka spowodowałaby ułamki w kolejnych kwadratach różnic w pierwszym wzorze, skorzystajmy z drugiego wzoru na wariancję:

$$\sigma^2 = \frac{a_1^2 + a_2^2 + \ldots + a_n^2}{n} - \left(\overline{a}\right)^2 = \frac{4\cdot 0^2 + 5\cdot 1^2 + 2\cdot 2^2 + 1\cdot 3^2 + 3\cdot 4^2}{15} - (1{,}6)^2 =$$

$$= \frac{0+5+8+9+48}{15} - 2{,}56 = \frac{70}{15} - 2{,}56 \approx 4{,}67 - 2{,}56 = 2{,}11$$

Zatem odchylenie standardowe wynosi: $\sigma = \sqrt{2{,}11} \approx 1{,}45$.

## *8.4 ZADANIA DO SAMODZIELNEGO ROZWIĄZANIA*

**Zadanie 144**
Oblicz x wiedząc, że średnia arytmetyczna liczb 4, 2-x, 7x, 14, 8 jest równa 6.

**Zadanie 145**
Patryk przez tydzień liczył dzienny czas poświęcony na grę w gry komputerowe, otrzymując następujące wyniki: w poniedziałek, wtorek i czwartek grał 0,5 godziny, w środę i piątek 1 godzinę, w sobotę 3 godziny, a w niedzielę – 2 godziny. Jaki średni czas dziennie Patryk przeznaczał na gry? Oblicz modę, medianę i odchylenie standardowe otrzymanych wyników.

**Zadanie 146**
Dany jest ciąg liczbowy: 7, $x^2$, -3, x, 6, 2. Oblicz x wiedząc, że średnia arytmetyczna tych liczb wynosi 3.

**Zadanie 147**
Wyznacz x, jeśli średnia ważona podanych liczb: 3, x, 4, -2 z wagami odpowiednio: 0,1, 0,3, 0,3, 0,3 wynosi 3.

NOTATKI

.......................................................................................................

.......................................................................................................

.......................................................................................................

.......................................................................................................

.......................................................................................................

.......................................................................................................

.......................................................................................................

# 9. PLANIMETRIA

Trygonometria jest bardzo obszernym działem planimetrii i o ile w podstawie programowej szkoły średniej ograniczono trygonometrię do minimum, o tyle jest ona szeroko stosowana na wszelkich kierunkach politechnicznych. Dlatego poświęcimy jej tutaj więcej uwagi.

## 9.1 FUNKCJE TRYGONOMETRYCZNE

### 9.1.1 POLA WIELOKĄTÓW

#### 9.1.1.1 POLE TRÓJKĄTA

Niech będzie dany trójkąt:

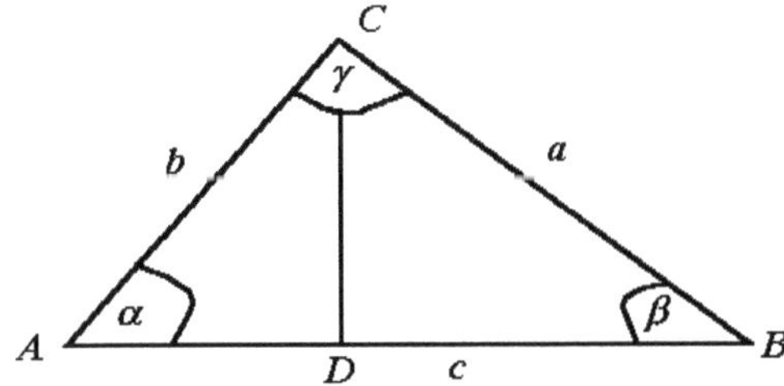


A oto wzory na obliczanie pola tego trójkąta:

$$S_\Delta = \frac{1}{2} \cdot |AB| \cdot |CD|$$

$$S_\Delta = \frac{1}{2} \cdot |AB| \cdot |AC| \cdot \sin\alpha$$

$$S_\Delta = \frac{1}{2} \cdot |AB| \cdot |BC| \cdot \sin\beta$$

$$S_\Delta = \frac{1}{2} \cdot |AC| \cdot |BC| \cdot \sin\gamma$$

$S_\Delta = \dfrac{a \cdot b \cdot c}{4R}$ , gdzie R jest promieniem okręgu opisanego na tym trójkącie

$S_\Delta = p \cdot r$ gdzie $p = \dfrac{a+b+c}{2}$ $r$ – promień okręgu wpisanego w trójkąt

$$S_\Delta = \sqrt{p(p-a)(p-b)(p-c)}$$

Jeżeli mamy dwa wektory (które są jednocześnie bokami tego trójkąta) zaczepione w jednym punkcie o danych współrzędnych, wtedy połowa wyznacznika tych wektorów jest polem tego trójkąta. Wyznaczniki omawiane były przy okazji rozwiązywania układów równań liniowych.

$\overrightarrow{AB}=[a_1,a_2]$

$\overrightarrow{AC}=[b_1,b_2]$ $\qquad W(\overrightarrow{AB},\overrightarrow{AC})=\begin{vmatrix} a_1 & a_2 \\ b_1 & b_2 \end{vmatrix}=a_1b_2-a_2b_1$ $\qquad S_\Delta=\frac{1}{2}\left|W(\overrightarrow{AB},\overrightarrow{AC})\right|$

W szczególności dla trójkąta równobocznego o boku $a$ mamy:

$S_\Delta=\frac{a^2\sqrt{3}}{4}$, $\quad h=\frac{a\sqrt{3}}{2}$ $\quad$ ($h$ jest wysokością trójkąta równobocznego).

### *9.1.1.2 POLE RÓWNOLEGŁOBOKU*

Niech będzie dany równoległobok:

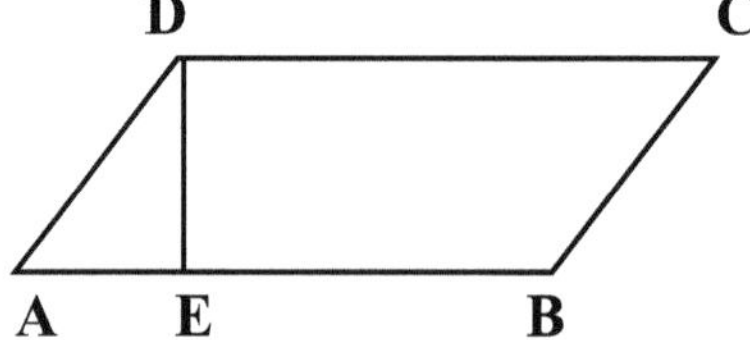


Pole tego równoległoboku można obliczyć z następujących wzorów:

$$S_\Diamond=|AB|\cdot|DE|$$

$$S_\Diamond=\left|W(\overrightarrow{AB},\overrightarrow{AD})\right|$$

### *9.1.1.3 POLE ROMBU*

Niech będzie dany romb:

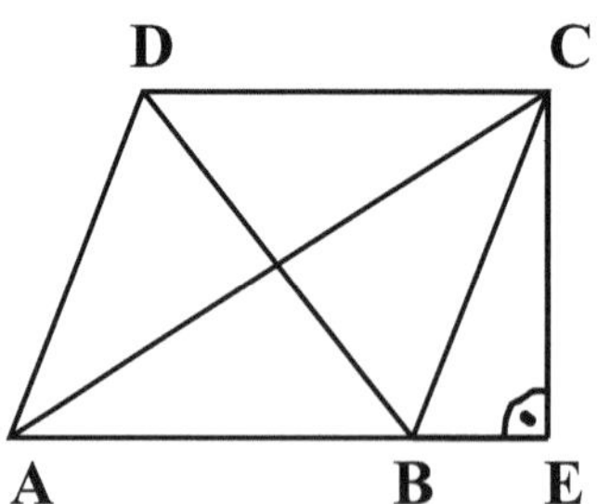

Przypomnijmy, że przekątne rombu przecinają się pod kątem prostym.

A oto wzory na obliczanie pola tegoż rombu:

$$S_{\Diamond} = |AB| \cdot |CE|$$

$$S_{\Diamond} = \frac{1}{2}|BD| \cdot |AC|$$

### *9.1.1.4 POLE DELTOIDU*

Niech będzie dany deltoid:

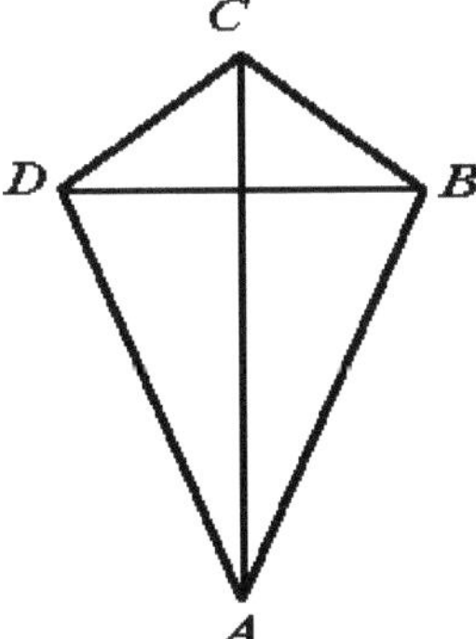


Pole deltoidu można obliczyć ze wzoru: $S_{\Diamond} = \frac{1}{2}|BD| \cdot |AC|$.

### *9.1.1.5 POLE TRAPEZU*

Niech będzie dany trapez:

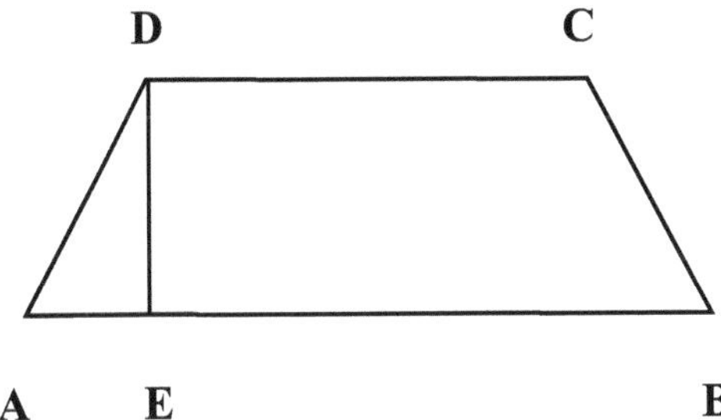

Pole tego trapezu możemy obliczyć z następującego wzoru:

$$S = \frac{|AB| + |DC|}{2} \cdot |DE|.$$

### *9.1.1.6 POLE WIELOKĄTA FOREMNEGO*

Pole wielokąta foremnego jest równe połowie iloczynu jego obwodu i długości promienia okręgu wpisanego w ten wielokąt.

### *9.1.1.7 ZADANIA DO SAMODZIELNEGO ROZWIĄZANIA*

**Zadanie 148**

Wykaż, że prosta, w której zawiera się wysokość trójkąta równoramiennego opuszczona na podstawę dzieli ten trójkąt na dwie figury przystające.

**Zadanie 149**

Udowodnij, że jeżeli długość środkowej trójkąta jest równa połowie długości boku, na który została opuszczona, to trójkąt jest prostokątny.

**Zadanie 150**

Obwód równoległoboku jest równy 48 cm, a stosunek długości jego wysokości jest równy 5:7. Znajdź długości jego boków.

**Zadanie 151**

Oblicz pole trójkąta równobocznego o wysokości $h$.

**Zadanie 152**

Oblicz długość przyprostokątnej $a$ i przeciwprostokątnej $c$ trójkąta prostokątnego wiedząc, że liczby $a$ i $c$ są całkowite, pole trójkąta (w $cm^2$ ) jest równe jego obwodowi (w cm) oraz długość drugiej przyprostokątnej równa się 12 cm.

**Zadanie 153**

Długość boku trójkąta zwiększono o 20% , a długość odpowiadającej temu bokowi wysokości zmniejszono o 20%. Czy pole trójkąta zmieniło się?

**Zadanie 154**

Co można powiedzieć o boku A'B' trójkąta A'B'C', którego pole jest dwa razy większe od pola danego trójkąta ABC, zaś bok A'C' jest trzykrotnie dłuższy od boku AC oraz $|\sphericalangle A| = |\sphericalangle A'|$.

**Zadanie 155**
W trójkącie równoramiennym podstawa wynosi 30 cm, a wysokość 20 cm. Wyznacz wysokość opuszczoną na ramię trójkąta.

**Zadanie 156**
Podstawa trójkąta równa się 60 cm, wysokość 12 cm, a środkowa poprowadzona do podstawy 13 cm. Wyznacz boki trójkąta.

**Zadanie 157**
Obwód trójkąta prostokątnego jest równy 132, a suma kwadratów boków trójkąta jest równa 6050. Znajdź boki trójkąta.

**Zadanie 158**
Na bokach równoramiennego trójkąta prostokątnego o przyprostokątnej $b$ zbudowane są kwadraty na zewnątrz boków. Środki tych kwadratów połączono odcinkami. Znajdź pole otrzymanego trójkąta.

**Zadanie 159**
Długości boków trójkąta tworzą ciąg geometryczny. Jaki warunek musi spełniać iloraz tego ciągu?

**Zadanie 160**
Przekątne równoległoboku mają długości $m$ i $n$, zaś kąt między nimi ma miarę $\alpha$. Jakie jest pole równoległoboku?

**Zadanie 161**
Boki kwadratu podzielono w stosunku $m$ do $n$, przy czym do każdego wierzchołka przylega jeden większy, a drugi mniejszy odcinek. Kolejne punkty podziału połączono odcinkami. Znajdź pole otrzymanego czworokąta, jeżeli bok otrzymanego kwadratu wynosi $a$.

**Zadanie 162**
Na kwadracie opisano okrąg i w ten sam kwadrat wpisano okrąg. Pole powstałego pierścienia kołowego wynosi $\pi$. Jaką długość ma bok kwadratu?

**Zadanie 163**
Kąt ostry rombu ma miarę $30^0$, a promień okręgu wpisanego w romb równa się $r$. Jakie jest pole rombu?

**Zadanie 164**
Oblicz długość okręgu wpisanego w trójkąt równoboczny, którego bok ma długość 6.

**Zadanie 165**
Bok wielokąta foremnego zwiększono o 10%. O ile procent zwiększyło się jego pole?

**Zadanie 166**
Jak zmieni się pole jakiejś figury, jeśli zostanie ona powiększona o *s* razy?

**Zadanie 167**
Figura F ma pole *m* przy obranej jednostce długości *u*.

Jakie będzie pole figury F, gdy za jednostkę długości przyjmiemy $\frac{u}{2}$ ?

**Zadanie 168**
Trójkąt KLM ma boki długości 6, 12 , 14. Trójkąt K'L'M' jest podobny do trójkąta KLM, a jego obwód wynosi 64. Jaką długość mają boki trójkąta K'L'M'?

**Zadanie 169**
Zbuduj prostokąt o boku *a* wiedząc, że jego pole jest równe polu kwadratu o boku *b*.

**Zadanie 170**
W trapez równoramienny o większej podstawie równej $3b$ i kącie przy niej równym $\pi/3$ wpisano okrąg. Znajdź pole tego trapezu.

NOTATKI

.............................................................................................

.............................................................................................

.............................................................................................

.............................................................................................

.............................................................................................

.............................................................................................

.............................................................................................

## 9.1.2 *FUNKCJE TRYGONOMETRYCZNE SUMY DWÓCH KĄTÓW*

### *9.1.2.1 SINUS SUMYDWÓCH KĄTÓW*

Niech będzie dany trójkąt:

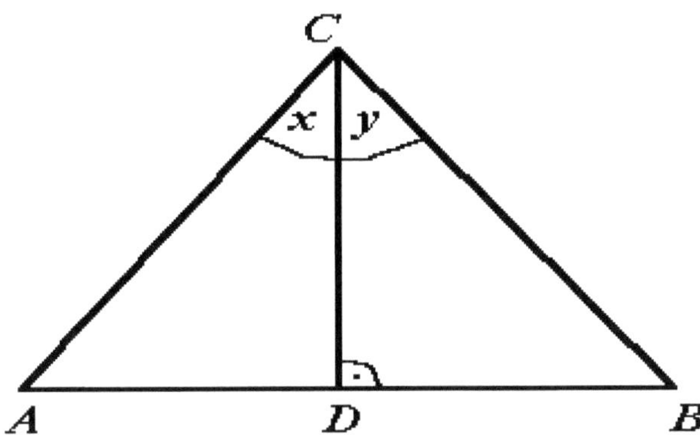


Pola trójkątów ΔABC, ΔACD, ΔBCD można, ze znanych nam już wzorów, przedstawić w następujący sposób:

$$S_{\Delta_{ABC}} = \frac{1}{2} \cdot |AC| \cdot |BC| \cdot \sin(x+y)$$

$$S_{\Delta_{ACD}} = \frac{1}{2} \cdot |AC| \cdot |CD| \cdot \sin(x)$$

$$S_{\Delta_{BCD}} = \frac{1}{2} \cdot |BC| \cdot |CD| \cdot \sin(y)$$

Z tego trójkąta wynika także, że:

$$\cos(y) = \frac{|CD|}{|CB|} \Leftrightarrow |CD| = |CB| \cdot \cos(y)$$

$$\cos(x) = \frac{|CD|}{|AC|} \Leftrightarrow |CD| = |AC| \cdot \cos(x)$$

Podstawiając te wzory do powyżej napisanych i uwzględniając fakt, że:

$$S_{\Delta_{ABC}} = S_{\Delta_{ACD}} + S_{\Delta_{BCD}},$$

możemy napisać, że:

$$\frac{1}{2}\cdot|AC|\cdot|BC|\cdot\sin(x+y)=\frac{1}{2}\cdot|AC|\cdot|BC|\cdot\sin(x)\cdot\cos(y)+\frac{1}{2}\cdot|BC|\cdot|AC|\cdot\cos(x)\cdot\sin(y)$$

$$\sin(x+y)=\sin(x)\cdot\cos(y)+\cos(x)\cdot\sin(y)$$

### *9.1.2.2 COSINUS SUMY DWÓCH KĄTÓW*

A teraz skorzystajmy ze wzorów omawianych w części pierwszej:

Niech:

$$y=\frac{\pi}{2}+\lambda \Leftrightarrow \sin(x+y)=\sin(x+\frac{\pi}{2}+\lambda)=\sin\left[\frac{\pi}{2}+(x+\lambda)\right]=\cos(x+\lambda)$$

$$\cos(x+\lambda)=\sin(x+y)=\sin(x)\cos(y)+\cos(x)\sin(y)=\sin(x)\cos\left(\frac{\pi}{2}+\lambda\right)+\cos(x)\sin\left(\frac{\pi}{2}+\lambda\right)=$$

$$=-\sin(x)\sin(\lambda)+\cos(x)\cos(\lambda)=\cos(x)\cos(\lambda)-\sin(x)\sin(\lambda)$$

Ponieważ λ jest tylko oznaczeniem, możemy dla ujednolicenia zamienić ją na y.
Wtedy: $\cos(x+y)=\cos(x)\cdot\cos(y)-\sin(x)\cdot\sin(y)$.

### *9.1.2.3 TANGENS SUMY DWÓCH KĄTÓW*

$$tg(x+y)=\frac{\sin(x+y)}{\cos(x+y)}=\frac{\sin(x)\cos(y)+\cos(x)\sin(y)}{\cos(x)\cos(y)-\sin(x)\sin(y)}=\frac{\frac{\sin(x)\cos(y)+\cos(x)\sin(y)}{\cos(x)\cos(y)}}{\frac{\cos(x)\cos(y)-\sin(x)\sin(y)}{\cos(x)\cos(y)}}=$$

$$=\frac{\frac{\sin(x)\cos(y)}{\cos(x)\cos(y)}+\frac{\cos(x)\sin(y)}{\cos(x)\cos(y)}}{\frac{\cos(x)\cos(y)}{\cos(x)\cos(y)}-\frac{\sin(x)\sin(y)}{\cos(x)\cos(y)}}=\frac{tg(x)+tg(y)}{1-tg(x)tg(y)}$$

Ostatecznie zatem możemy napisać:

$$tg(x+y)=\frac{tg(x)+tg(y)}{1-tg(x)tg(y)} \quad\wedge\quad \cos(x+y)\neq 0\wedge\cos(x)\neq 0\wedge\cos(y)\neq 0.$$

### *9.1.2.4 COTANGENS SUMY DWÓCH KĄTÓW*

Podobnie postępujemy z funkcją cotangens:

$$ctg(x+y)=\frac{\cos(x+y)}{\sin(x+y)}=\frac{\cos(x)\cos(y)-\sin(x)\sin(y)}{\sin(x)\cos(y)+\cos(x)\sin(y)}=\frac{\frac{\cos(x)\cos(y)}{\sin(x)\sin(y)}-\frac{\sin(x)\sin(y)}{\sin(x)\sin(y)}}{\frac{\sin(x)\cos(y)}{\sin(x)\sin(y)}+\frac{\cos(x)\sin(y)}{\sin(x)\sin(y)}}=$$

$$=\frac{ctg(x)ctg(y)-1}{ctg(y)+ctg(x)}$$

Możemy zatem ostatecznie zapisać:

$$ctg(x+y)=\frac{ctg(x)\cdot ctg(y)-1}{ctg(y)+ctg(x)} \quad \wedge \quad \sin(x+y)\neq 0 \wedge \sin(x)\neq 0 \wedge \sin(y)\neq 0.$$

## *9.1.3 FUNKCJE TRYGONOMETRYCZNE RÓŻNICY DWÓCH KĄTÓW*

### *9.1.3.1 SINUS RÓŻNICY DWÓCH KĄTÓW*

$$\sin(x-y)=\sin[x+(-y)]=\sin(x)\cos(-y)+\cos(x)\sin(-y)=\sin(x)\cos(y)-\cos(x)\sin(y)$$

### *9.1.3.2 COSINUS RÓŻNICY DWÓCH KĄTÓW*

$$\cos(x-y)=\cos[x+(-y)]=\cos(x)\cos(-y)-\sin(x)\sin(-y)=\cos(x)\cos(y)+\sin(x)\sin(y)$$

### *9.1.3.3 TANGENS RÓŻNICY DWÓCH KĄTÓW*

$$tg(x-y)=tg[x+(-y)]=\frac{tg(x)+tg(-y)}{1-tg(x)\cdot tg(-y)}=\frac{tg(x)-tg(y)}{1+tg(x)\cdot tg(y)}$$

### *9.1.3.4 COTANGENS RÓŻNICY DWÓCH KĄTÓW*

$$ctg(x-y)=ctg[x+(-y)]=\frac{ctg(x)ctg(-y)-1}{ctg(-y)+ctg(x)}=\frac{-ctg(x)ctg(y)-1}{-ctg(y)+ctg(x)}=\frac{ctg(x)ctg(y)+1}{ctg(y)-ctg(x)}$$

## *9.1.4 FUNKCJE TRYGONOMETRYCZNE WIELOKROTNOŚCI ARGUMENTU*

### *9.1.4.1 SINUS PODWOJONEGO KĄTA*

$$y=x\Rightarrow \sin(x+x)=\sin(2x)=\sin(x)\cos(x)+\cos(x)\sin(x)=2\sin(x)\cos(x)$$

### *9.1.4.2 COSINUS PODWOJONEGO KĄTA*

$$y = x \Rightarrow \cos(x+x) = \cos(2x) = \cos(x)\cos(x) - \sin(x)\sin(x) = \cos^2(x) - \sin^2(x)$$

Jeżeli weźmiemy pod uwagę fakt, że: $\sin^2(x) + \cos^2(x) = 1 \Rightarrow \begin{cases} \sin^2(x) = 1 - \cos^2(x) \\ \cos^2(x) = 1 - \sin^2(x) \end{cases}$

to będziemy mogli przedstawić cosinus podwojonego kąta także w następującej postaci:

$$\cos(2x) = \cos^2(x) - [1 - \cos^2(x)] = 2\cos^2(x) - 1$$

$$\cos(2x) = 1 - \sin^2(x) - \sin^2(x) = 1 - 2\sin^2(x)$$

### *9.1.4.3 TANGENS PODWOJONEGO KĄTA*

$$x = y \Rightarrow tg(x+x) = tg(2x) = \frac{tg(x) + tg(x)}{1 - tg(x)tg(x)} = \frac{2tg(x)}{1 - tg^2(x)}$$

### *9.1.4.4 COTANGENS PODWOJONEGO KĄTA*

$$x = y \Rightarrow ctg(x+x) = ctg(2x) = \frac{ctg(x)ctg(x) - 1}{ctg(x) + ctg(x)} = \frac{ctg^2(x) - 1}{2ctg(x)}$$

### *9.1.4.5 SINUS I COSINUS PODWOJONEGO KĄTA WYRAŻONE ZA POMOCĄ FUNKCJI TANGENS*

$$\sin(2x) = 2\sin(x)\cos(x) = \frac{2\sin(x)\cos(x)}{\cos^2(x) + \sin^2(x)} = \frac{\frac{2\sin(x)\cos(x)}{\cos^2(x)}}{\frac{\cos^2(x) + \sin^2(x)}{\cos^2(x)}} = \frac{\frac{2\sin(x)}{\cos(x)}}{\frac{\cos^2(x)}{\cos^2(x)} + \frac{\sin^2(x)}{\cos^2(x)}} =$$

$$= \frac{2tg(x)}{1 + tg^2(x)}$$

Ostatecznie możemy zapisać, że:

$$\sin(2x) = \frac{2tg(x)}{1 + tg^2(x)}.$$

Analogicznie wyznaczmy funkcją cosinus podwojonego kąta:

$$\cos(2x)=\cos^2(x)-\sin^2(x)=\frac{\cos^2(x)-\sin^2(x)}{\sin^2(x)+\cos^2(x)}=\frac{\frac{\cos^2(x)-\sin^2(x)}{\cos^2(x)}}{\frac{\sin^2(x)+\cos^2(x)}{\cos^2(x)}}=\frac{\frac{\cos^2(x)}{\cos^2(x)}-\frac{\sin^2(x)}{\cos^2(x)}}{\frac{\sin^2(x)}{\cos^2(x)}+\frac{\cos^2(x)}{\cos^2(x)}}=$$

$$=\frac{1-tg^2(x)}{tg^2(x)+1}$$

Ostatecznie zatem możemy zapisać, że:

$$\cos(2x)=\frac{1-tg^2(x)}{1+tg^2(x)}.$$

Jest oczywiście jasne, że zarówno w tym jak i w poprzednim przypadku $\cos(x)\neq 0$.

### *9.1.4.6 SINUS POŁOWY KĄTA*

Wiemy, że: $\sin(2x)=2\sin(x)\cos(x)$.

Jeśli przyjmiemy oznaczenia: $2x=\alpha\Rightarrow\sin(\alpha)=2\sin\left(\frac{\alpha}{2}\right)\cos\left(\frac{\alpha}{2}\right)$

### *9.1.4.7 COSINUS POŁOWY KĄTA*

Analogicznie: $2x=\alpha\Rightarrow\cos(\alpha)=\cos^2\left(\frac{\alpha}{2}\right)-\sin^2\left(\frac{\alpha}{2}\right)$

### *9.1.4.8 TANGENS POŁOWY KĄTA*

Podobnie w przypadku funkcji tangens: $2x=\alpha\Rightarrow tg(\alpha)=\frac{2tg\left(\frac{\alpha}{2}\right)}{1-tg^2\left(\frac{\alpha}{2}\right)}$

### *9.1.4.9 COTANGENS POŁOWY KĄTA*

Analogicznie dla funkcji cotangens: $2x = \alpha \Rightarrow ctg(\alpha) = \dfrac{ctg^2\left(\dfrac{\alpha}{2}\right) - 1}{2ctg\left(\dfrac{\alpha}{2}\right)}$

### *9.1.4.10 FUNKCJE SINUS I COSINUS PRZEDSTAWIONE PRZY POMOCY FUNKCJI TANGENS POŁOWY KĄTA*

$$\sin(x) = \frac{2tg\left(\frac{x}{2}\right)}{1 + tg^2\left(\frac{x}{2}\right)} \qquad \cos(x) = \frac{1 - tg^2\left(\frac{x}{2}\right)}{1 + tg^2\left(\frac{x}{2}\right)}$$

## *9.1.5 SUMY I RÓŻNICE FUNKCJI TRYGONOMETRYCZNYCH*

### *9.1.5.1 SUMA SINUSÓW*

Niech będzie dany układ równań:

$$\begin{cases} x + y = u \\ x - y = v \end{cases} \Leftrightarrow \begin{cases} x = u - y \\ u - 2y = v \end{cases} \Leftrightarrow \begin{cases} x = u - y \\ y = \dfrac{u - v}{2} \end{cases} \Leftrightarrow \begin{cases} x = \dfrac{u + v}{2} \\ y = \dfrac{u - v}{2} \end{cases}$$

Wiemy, że:

$\sin(x + y) = \sin(x)\cos(y) + \cos(x)\sin(y)$

$\sin(x - y) = \sin(x)\cos(y) - \cos(x)\sin(y)$

Nie wiemy natomiast, czemu jest równe wyrażenie: $\sin(u) + \sin(v)$.

Dodając stronami sin(x+y) i sin(x-y) i biorąc pod uwagę rozwiązany układ równań otrzymujemy:

$\sin(u) + \sin(v) = \sin(x + y) + \sin(x - y) =$

$= \sin(x)\cos(y) + \cos(x)\sin(y) + \sin(x)\cos(y) - \cos(x)\sin(y) =$

$= 2\sin(x)\cos(y) = 2\sin\left(\dfrac{u + v}{2}\right)\cos\left(\dfrac{u - v}{2}\right)$

### *9.1.5.2 RÓŻNICA SINUSÓW*

$$\sin(u) - \sin(v) = \sin(x+y) - \sin(x+y) = 2\sin(y)\cos(x) = 2\cos\left(\frac{u+v}{2}\right)\sin\left(\frac{u-v}{2}\right)$$

### *9.1.5.3 SUMA COSINUSÓW*

$$\cos(u) + \cos(v) = \cos(x+y) + \cos(x-y) = 2\cos(x)\cos(y) = 2\cos\left(\frac{u+v}{2}\right)\cos\left(\frac{u-v}{2}\right)$$

### *9.1.5.4 RÓŻNICA COSINUSÓW*

$$\cos(u) - \cos(v) = \cos(x+y) - \cos(x-y) = -2\sin(x)\sin(y) = -2\sin\left(\frac{u+v}{2}\right)\sin\left(\frac{u-v}{2}\right)$$

## *9.1.6 TWIERDZENIE SINUSÓW*

**W dowolnym trójkącie stosunek długości boku do sinusa kąta przeciwległego jest wielkością stałą i równa się średnicy okręgu opisanego na tym trójkącie.**

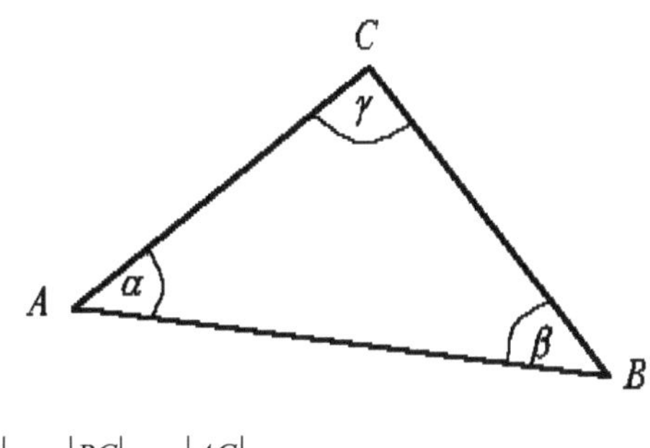


$$\frac{|AB|}{\sin(\gamma)} = \frac{|BC|}{\sin(\alpha)} = \frac{|AC|}{\sin(\beta)} = 2R$$

Twierdzenie sinusów nazywane jest także wzorem sinusów lub twierdzeniem Snelliusa.

## *9.1.7 TWIERDZENIE COSINUSÓW*

**W dowolnym trójkącie kwadrat długości boku jest równy sumie kwadratów długości pozostałych boków minus podwojony iloczyn tych boków i cosinusa kąta między nimi zawartego.**

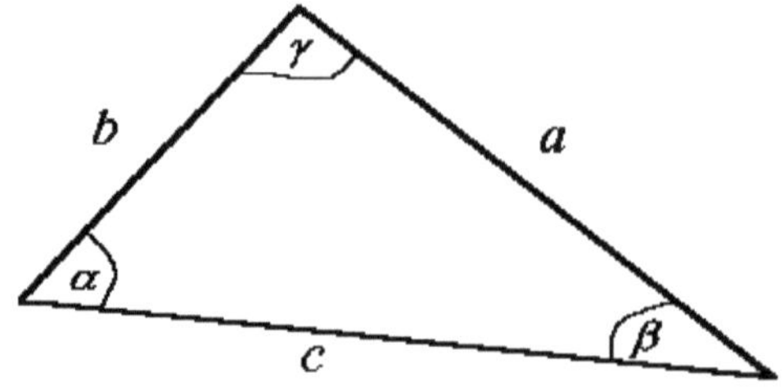


$$a^2 = b^2 + c^2 - 2 \cdot b \cdot c \cdot \cos(\alpha)$$

$$b^2 = a^2 + c^2 - 2 \cdot a \cdot c \cdot \cos(\beta)$$

$$c^2 = a^2 + b^2 - 2 \cdot a \cdot b \cdot \cos(\gamma)$$

Twierdzenie cosinusów nazywane jest inaczej wzorem cosinusów, twierdzeniem Carnota[13] lub uogólnionym twierdzeniem Pitagorasa.

## *9.2 RÓWNANIA TRYGONOMETRYCZNE*

Jak dotychczas rozwiązywaliśmy różne równania: liniowe, kwadratowe, równania n-tego stopnia. Teraz nauczymy się rozwiązywać równania trygonometryczne.

### *9.2.1 RÓWNANIE SIN(X)=A*

#### *9.2.1.1 ROZWIĄZANIA OGÓLNE*

*Wiemy już, że sin(x) przyjmuje wartości od -1 do 1, zatem równanie trygonometryczne sin(x)=a, gdzie a jest dane, posiada rozwiązanie wtedy i tylko wtedy, gdy* $|a| \leq 1$.

**Rozwiązać równanie sin(x)=a to znaczy znaleźć te wartości kąta x, dla których spełniona jest równość.**
Zinterpretujemy to graficznie:

[13] Ciekawostka: Lazare Carnot był francuskim politykiem, matematykiem i generałem, natomiast z zawodu – inżynierem wojskowym.

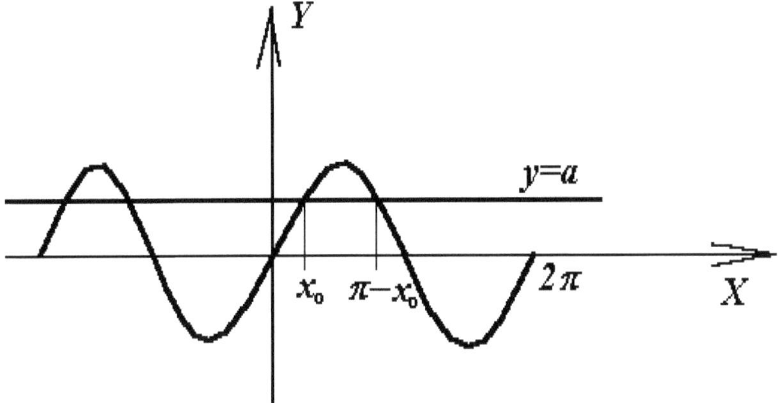


**$x_0$ jest to tzw. rozwiązanie główne równania trygonometrycznego.**

*Należy ono w przypadku funkcji sinus do następującego przedziału:* $x_0 \in \left\langle -\frac{\pi}{2}; \frac{\pi}{2} \right\rangle$.

Równanie trygonometryczne sin(x)=a, jak wynika z rysunku, ma dwa rozwiązania. Rozwiązania te ogólnie można przedstawić następująco:

$$\left[x = x_0 + 2k\pi \ \vee \ x = (\pi - x_0) + 2k\pi\right] \ \wedge \ k \in C$$

### *9.2.1.2 ROZWIĄZANIA SZCZEGÓLNE*

Dla pewnych wartości a równanie sin(x)=a ma mniej pierwiastków. Oto te wartości wraz z rozwiązaniami:

| $\sin(x) = 0$ | $\sin(x) = 1$ | $\sin(x) = -1$ |
|---|---|---|
| $x = k\pi$ | $x = \frac{\pi}{2} + 2k\pi$ | $x = -\frac{\pi}{2} + 2k\pi$ |

## *9.2.2 RÓWNANIE COS(X)=A*

*To równanie posiada również rozwiązanie tylko wtedy, gdy* $|a| \leq 1$.

#### 9.2.2.1 ROZWIĄZANIA OGÓLNE

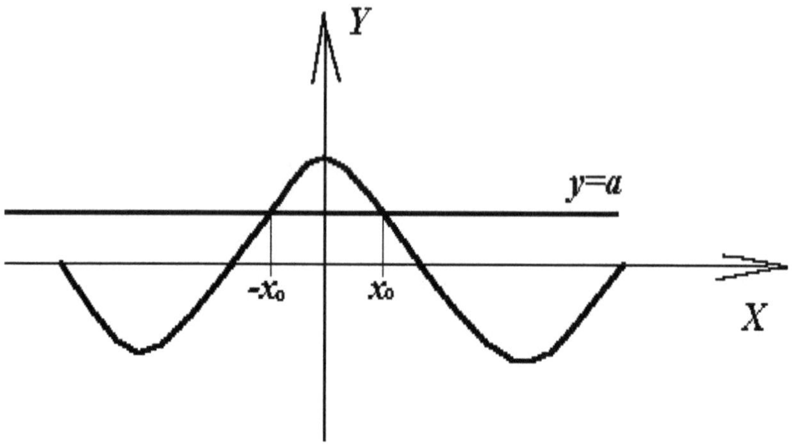


*Tym razem rozwiązanie główne należy do przedziału:* $x_0 \in \langle 0;\pi \rangle$

Rozwiązaniami tego równania są: $[x = x_0 + 2k\pi \ \vee \ x = -x_0 + 2k\pi] \wedge k \in C$

#### 9.2.2.2 ROZWIĄZANIA SZCZEGÓLNE

| $\cos(x)=0$ | $\cos(x)=1$ | $\cos(x)=-1$ |
|---|---|---|
| $x=\frac{\pi}{2}+k\pi$ | $x=2k\pi$ | $x=\pi+2k\pi$ |

### 9.2.3 RÓWNANIE TG(X)=A

*Równanie to posiada rozwiązanie dla* $a \in R$.

*Rozwiązanie główne należy do przedziału:* $x_0 \in \left(-\frac{\pi}{2};\frac{\pi}{2}\right)$.

A oto rysunek:

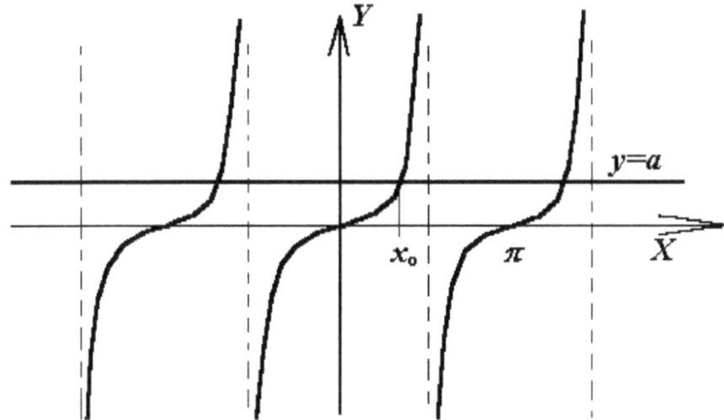


Rozwiązaniami tego równania trygonometrycznego są następujące kąty: $x = x_0 + k\pi \wedge k \in C$.

### 9.2.4 RÓWNANIE CTG(X)=A

*Równanie to posiada rozwiązanie dla* $a \in R$.
*Rozwiązanie główne należy do przedziału:* $x_0 \subset (0;\pi)$.
A oto rysunek:

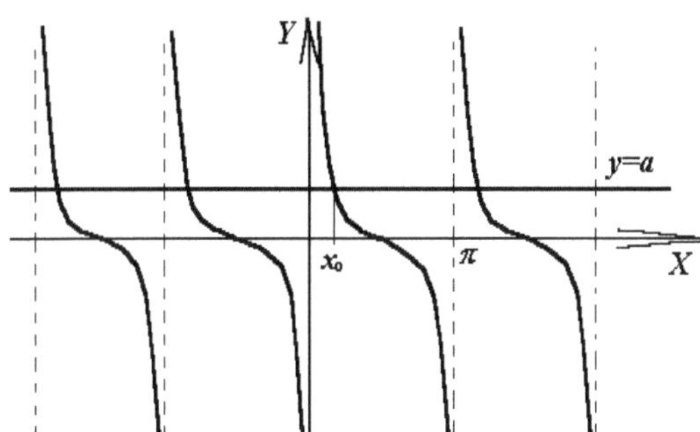


I jak widzimy rozwiązaniami tego równania trygonometrycznego są następujące kąty: $x = x_0 + k\pi \wedge k \in C$.

### 9.2.5 PRZYKŁADY

**Przykład 1:**

Rozwiązać równanie: $\sin(x) = \frac{\sqrt{2}}{2} \quad D = R$.

$$\sin(x) = \sin\underbrace{\left(\frac{\pi}{3}\right)}_{x_0} \Leftrightarrow \left(x = \frac{\pi}{3} + 2k\pi \ \vee \ x = \frac{2}{3}\pi + 2k\pi\right) \wedge k \in C$$

**Przykład 2:**

Rozwiązać równanie: $\sin\left(2x - \frac{\pi}{4}\right) = -\sin\left(\frac{\pi}{4}\right)$ $\quad D \in R$.

$$\sin\left(2x - \frac{\pi}{4}\right) = \sin\left(-\frac{\pi}{4}\right) \Leftrightarrow \left(2x - \frac{\pi}{4} = -\frac{\pi}{4} + 2k\pi \ \vee \ 2x - \frac{\pi}{4} = \pi + \frac{\pi}{4} + 2k\pi\right) \wedge k \in C \Leftrightarrow$$

$$\Leftrightarrow \left(2x = 2k\pi \ \vee \ 2x = \frac{6}{4}\pi + 2k\pi\right) \Leftrightarrow \left(x = k\pi \ \vee \ x = \frac{3}{4}\pi + k\pi\right)$$

Pamiętajmy o tym, że zamiany $-\sin\left(\frac{\pi}{4}\right) = \sin\left(-\frac{\pi}{4}\right)$ możemy dokonać, ponieważ sinus jest funkcją nieparzystą.

**Przykład 3:**

Rozwiązać równanie: $\cos\left(x - \frac{\pi}{3}\right) = -\frac{\sqrt{3}}{2}$ $\quad D = R$.

$$\cos\left(x - \frac{\pi}{3}\right) = -\cos\left(\frac{\pi}{6}\right) \Leftrightarrow \cos\left(x - \frac{\pi}{3}\right) = \cos\left(\pi - \frac{\pi}{6}\right) \Leftrightarrow$$

$$\Leftrightarrow \left(x - \frac{\pi}{3} = -\frac{5}{6}\pi + 2k\pi \ \vee \ x - \frac{\pi}{3} = \frac{5}{6}\pi + 2k\pi\right) \Leftrightarrow \left(x = \frac{2}{6}\pi - \frac{5}{6}\pi + 2k\pi \ \vee \ x = \frac{2}{6}\pi + \frac{5}{6}\pi + 2k\pi\right) \Leftrightarrow$$

$$\Leftrightarrow \left(x = -\frac{\pi}{2} + 2k\pi \ \vee \ x = \frac{7}{6}\pi + 2k\pi\right)$$

## *9.3 NIERÓWNOŚCI TRYGONOMETRYCZNE*

**Rozwiązać nierówność trygonometryczną to znaczy znaleźć te przedziały kąta, dla którego wartości funkcji trygonometrycznej spełniają nierówność trygonometryczną.**

To zagadnienie omówimy sobie od razu na przykładzie.

**Przykład:**

Rozwiązać nierówność trygonometryczną: $\sin(x) > \frac{1}{2} \ \wedge \ x \in \langle 0; 2\pi \rangle$.

$$\sin(x)=\frac{1}{2}\Leftrightarrow\sin(x)=\sin\left(\frac{\pi}{6}\right)\Leftrightarrow\left(x=\frac{\pi}{6}+2k\pi\ \vee\ x=\frac{5}{6}\pi+2k\pi\right)\wedge k\in C$$

A teraz popatrzmy na rysunek:

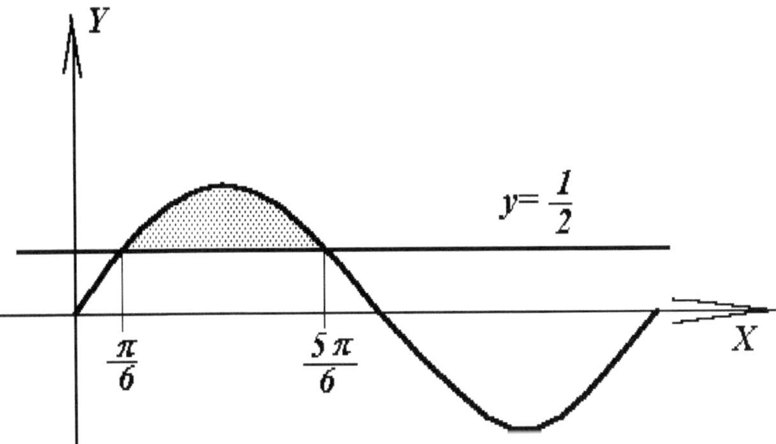


Jak widać, rozwiązaniem nierówności jest następujący przedział:

$$\left(\frac{\pi}{6};\frac{5}{6}\pi\right)=\left\{x\in\rangle 0;2\pi\langle : \sin(x)>\frac{1}{2}\right\}.$$

**Ciekawostka:**

Funkcje trygonometryczne mają wiele zastosowań w różnych dziedzinach nauki i techniki, takich jak na przykład:

- akustyka: np. analiza harmoniczna,
- architektura, mechanika: bezpośrednie zastosowanie do elementów trójkąta,
- astronomia, nawigacja, kartografia, oceanografia: trygonometria sferyczna stosowana do powierzchni Ziemi,
- astronomia i geodezja: paralaksa pozwala wyznaczać odległości bez przebywania ich, nawet tysięcy lat świetlnych,

- chemia i krystalografia: obliczanie odległości pomiędzy atomami w krysztale,
- ekonomia (w szczególności analiza rynków finansowych), probabilistyka, statystyka, meteorologia: np. analiza harmoniczna szeregów czasowych,
- elektryka i elektronika: np. przebiegi sinusoidalne prądu zmiennego,
- fizyka: np. ruch harmoniczny, prawo załamania światła,
- fonetyka, analiza języka naturalnego: analiza harmoniczna głosek,
- geodezja, inżynieria lądowa: niwelacja trygonometryczna,
- geofizyka, sejsmologia: badanie fal sejsmicznych,
- grafika komputerowa: np. symulowanie odbicia i załamania światła w ray tracingu,
- kompresja obrazu: np. przy kompresji JPEG,
- kryptologia: w związku z zastosowaniami w teorii liczb,
- obrazowanie medyczne: tomografia komputerowa i USG wymagają obliczeń trygonometrycznych,
- optyka: prawo załamania światła, polaryzacja fali,
- robotyka: np. algorytm sterowania sinusoidalnego,
- teoria chaosu,
- teoria muzyki: np. alikwoty, szereg harmoniczny.[14]

## *9.4 ZADANIA DO SAMODZIELNEGO ROZWIĄZANIA*

**Zadanie 171**

Rozwiąż równanie: $|\sin x| = 2\cos^2 x - 1$.

14 https://pl.wikipedia.org/wiki/Funkcje_trygonometryczne#Niekt%C3%B3re_zastosowania

**Zadanie 172**

Rozwiąż równanie: $\sin x + \cos x = 1$.

**Zadanie 173**

Rozwiąż graficznie równanie: $\sin x = x$.

**Zadanie 174**

Rozwiąż równanie: $\sin x - \cos 2x + \sin 3x = 1$.

**Zadanie 175**

Rozwiąż równanie: $\sin 2x + \sin^3 2x + \sin^5 2x + ... = \frac{2}{3}$.

**Zadanie 176**

Rozwiąż równanie: $(\sin x - \cos x)^2 = 2\sin^2 x - tgx$.

**Zadanie 177**

Dla jakich wartości kąta $\alpha \in \langle 0,2\pi \rangle$ równanie: $(2\cos\alpha - 1)x^2 - 2x + \cos\alpha = 0$ ma dwa różne pierwiastki?

**Zadanie 178**

Wykaż, że równanie: $sinx + sin2x + sin3x + ... + sin100x = 100$ nie ma rozwiązania.

**Zadanie 179**

Naszkicuj wykres funkcji: y = cos x i w oparciu o wykres rozwiąż nierówność: cos x $\le$ -0,5 $\wedge$ x$\in \langle 0,2\pi \rangle$.

**Zadanie 180**

Wykaż, że funkcja: $y = \frac{\sin x + tgx}{\cos x + ctgx}$ przyjmuje tylko wartości dodatnie.

**Zadanie 181**

Jaki jest zbiór wartości funkcji: $y = 2\cos x$ oraz $y = \cos 2x$?

**Zadanie 182**

Sprawdź tożsamość: $\sin 2x = \frac{2}{\operatorname{tg} x + \operatorname{ctg} x}$.

**Zadanie 183**

Sprawdź tożsamości:

a) $\dfrac{\sin(\alpha+\beta)+\sin(\alpha-\beta)}{\cos(\alpha+\beta)+\cos(\alpha-\beta)}=\operatorname{tg}\alpha$

b) $\dfrac{\sin\alpha+\sin 3\alpha+\sin 5\alpha}{\cos\alpha+\cos 3\alpha+\cos 5\alpha}=\operatorname{tg}3\alpha$.

**Zadanie 184**

Mając dane: $tg\alpha+tg\beta=2$ i $tg(\alpha+\beta)=4$, oblicz $tg\alpha$ i $tg\beta$.

**Zadanie 185**

Zbadaj, czy istnieje taki trójkąt o takim kącie $\alpha$, że: $\cos\frac{\alpha}{3}-\cos\frac{\alpha}{2}=0$.

**Zadanie 186**

Zbadaj, czy równe są funkcje: $f(x)=\dfrac{\sin x}{1+\cos x}$ i $g(x)=tg\dfrac{x}{2}$.

NOTATKI

.......................................................................................................

.......................................................................................................

.......................................................................................................

.......................................................................................................

.......................................................................................................

.......................................................................................................

.......................................................................................................

# 10. STEREOMETRIA

## 10.1 GRANIASTOSŁUPY

### 10.1.1 DEFINICJA

**Graniastosłupem nazywamy wielościan, którego dwie ściany, zwane podstawami, są przystającymi wielokątami leżącymi w płaszczyznach równoległych, a pozostałe ściany, zwane ścianami bocznymi, są równoległobokami, których wszystkie wierzchołki są jednocześnie wierzchołkami podstaw.**

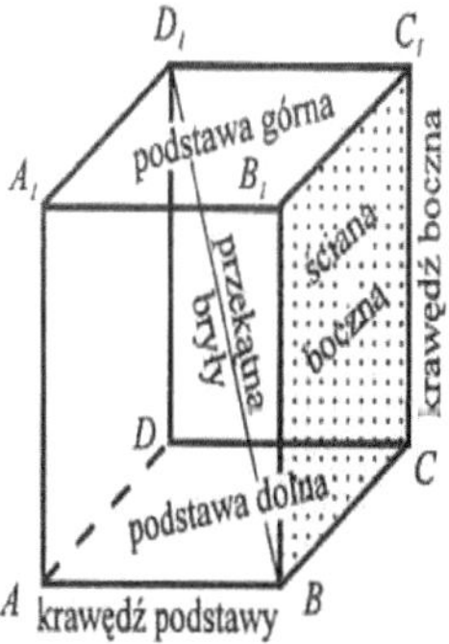


**Graniastosłup prosty** to graniastosłup, w którym krawędzie boczne są prostopadłe do podstaw.

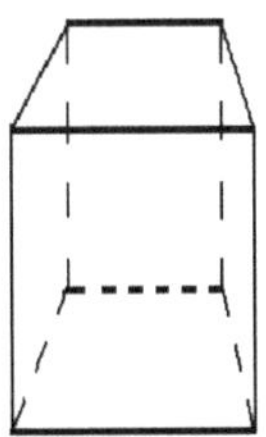

**Graniastosłup prawidłowy** to graniastosłup prosty, którego podstawy są wielokątami foremnymi, np. graniastosłup prawidłowy trójkątny ma w podstawie trójkąt równoboczny, graniastosłup prawidłowy czworokątny ma w podstawie kwadrat itd.

**Graniastosłup pochyły** to graniastosłup, w którym krawędzie boczne nie są prostopadłe do podstaw.

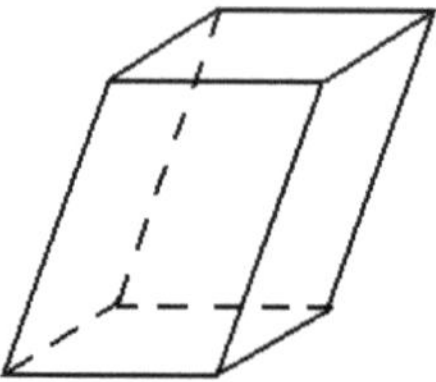

### *10.1.2 POLE POWIERZCHNI I OBJĘTOŚĆ GRANIASTOSŁUPA*

**Pole powierzchni całkowitej** dowolnego graniastosłupa liczymy według wzoru:
$Pc = 2 \cdot Pp + Pb$,
gdzie $Pc$ oznacza pole całkowite graniastosłupa, $Pp$ to pole powierzchni jednej podstawy (liczone z odpowiedniego dla danej figury wzoru), natomiast $Pb$ to pole powierzchni bocznej, czyli powierzchni wszystkich ścian graniastosłupa.

**Objętość** dowolnego graniastosłupa liczymy według wzoru:
$V = Pp \cdot h$,
gdzie $V$ oznacza objętość, natomiast $h$ jest wysokością graniastosłupa.

**Przykład:**
Obliczmy pole powierzchni i objętość prostopadłościanu o krawędziach podstawy 3cm i 7cm oraz wysokości 10cm.
Powierzchnia graniastosłupa składa się z dwóch prostokątów w podstawach i czterech ścian bocznych – dwóch wąskich i dwóch szerszych. Zatem:
$Pc = 2 \cdot Pp + Pb = 2 \cdot (3 \cdot 7) + 2 \cdot (3 \cdot 10) + 2 \cdot (7 \cdot 10) = 42 + 60 + 140 = 242cm^2$
Natomiast objętość wynosi:
$V = Pp \cdot h = 3 \cdot 7 \cdot 10 = 210cm^3$

## *10.2 OSTROSŁUPY*

### *10.2.1 DEFINICJA*

**Ostrosłupem nazywamy wielościan, którego jedna ściana, zwana podstawą, jest dowolnym wielokątem, a pozostałe ściany, nazywane ścianami**

**bocznymi, są trójkątami o wspólnym wierzchołku, nazywanym wierzchołkiem ostrosłupa.**

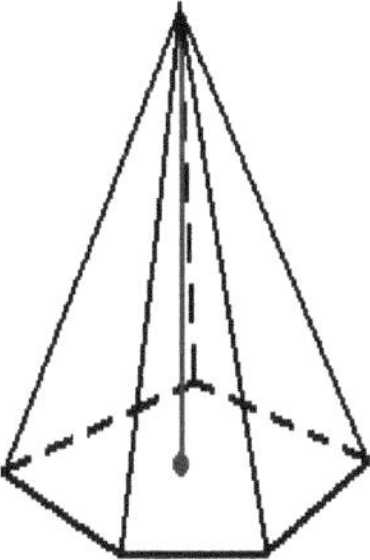

**Ostrosłupem prawidłowym** nazywamy ostrosłup, którego podstawą jest wielokąt foremny i którego spodek wysokości pokrywa się ze środkiem okręgu opisanego na jego podstawie.

## *10.2.2 POLE POWIERZCHNI I OBJĘTOŚĆ OSTROSŁUPA*

**Pole powierzchni całkowitej** dowolnego ostrosłupa liczymy według wzoru:

$Pc = Pp + Pb$,

gdzie $Pc$ oznacza pole całkowite ostrosłupa, $Pp$ to pole powierzchni jego podstawy (liczone z odpowiedniego dla danej figury wzoru), natomiast $Pb$ to pole powierzchni bocznej, czyli powierzchni wszystkich ścian ostrosłupa.

**Objętość** dowolnego ostrosłupa liczymy według wzoru:

$V = \frac{1}{3} Pp \cdot h$,

gdzie $V$ oznacza objętość, natomiast $h$ jest wysokością ostrosłupa.

**Przykład:**

Obliczyć pole powierzchni całkowitej i objętość czworościanu foremnego o krawędzi 4.

Czworościan foremny to ostrosłup, którego wszystkie ściany są trójkątami równobocznymi. Nie będzie zatem trudności z wyliczeniem pola powierzchni całkowitej:

$$Pc = 6 \cdot \frac{a^2\sqrt{3}}{4} = 6 \cdot \frac{4^2\sqrt{3}}{4} = 6 \cdot \frac{16\sqrt{3}}{4} = 6 \cdot 4\sqrt{3} = 24\sqrt{3}$$

A teraz zajmijmy się objętością. Wysokość ostrosłupa spada na środek ciężkości trójkąta równobocznego w podstawie, tj. na punkt przecięcia środkowych (jednocześnie wysokości) tego trójkąta i dzieli te wysokości w stosunku 2:1 (2 części przypadają na odcinek wysokości od środka ciężkości do wierzchołka trójkąta, 1 część – na odcinek od środka ciężkości do boku trójkąta). Budujemy trójkąt prostokątny, którego przyprostokątnymi będą: wysokość ostrosłupa $h_o$ i $\frac{1}{3}$ wysokości trójkąta równobocznego w podstawie $h_t$, natomiast przeciwprostokątną – wysokość $h_t$ trójkąta równobocznego będącego ścianą boczną ostrosłupa. Obliczmy tą wysokość:

$$h_t = \frac{a\sqrt{3}}{2} = \frac{4\sqrt{3}}{2} = 2\sqrt{3}$$

Teraz wykorzystajmy twierdzenie Pitagorasa dla zbudowanego trójkąta prostokątnego:

$$h_o^2 + \left(\frac{1}{3}h_t\right)^2 = h_t^2$$

$$h_o^2 + \left(\frac{1}{3} \cdot 2\sqrt{3}\right)^2 = \left(2\sqrt{3}\right)^2$$

$$h_o^2 + \frac{12}{9} = 12$$

$$h_o^2 = \frac{96}{9}$$

$$h_o = \frac{4\sqrt{6}}{3}$$

Mamy już wszystkie informacje potrzebne do obliczenia objętości czworościanu foremnego:

$$V = \frac{1}{3}Pp \cdot h_o = \frac{1}{3} \cdot \frac{a^2\sqrt{3}}{4} \cdot h_o$$

Wykorzystując liczone przy okazji powierzchni całkowitej pole trójkąta otrzymujemy:

$$V=\frac{1}{3}\cdot 4\sqrt{3}\cdot\frac{4\sqrt{6}}{3}=\frac{16\sqrt{18}}{9}=\frac{16\sqrt{2}}{3}.$$

# *10.3 BRYŁY OBROTOWE*

## *10.3.1 DEFINICJA*

**Bryłą obrotową nazywamy figurę powstałą przez obrót figury płaskiej F o kąt 360° wokół prostej k, gdy figura F i prosta k leżą w tej samej płaszczyźnie.** Prostą k nazywamy **osią obrotu**.

Najczęściej rozpatrywanymi bryłami obrotowymi są walec, stożek i kula.

## *10.3.2 WALEC*

**Walcem** nazywamy bryłę obrotową powstałą poprzez obrót prostokąta dookoła prostej zawierającej jeden z boków prostokąta. Bok prostokąta zawarty w osi obrotu jest wysokością walca, a drugi jego bok jest promieniem podstawy walca.

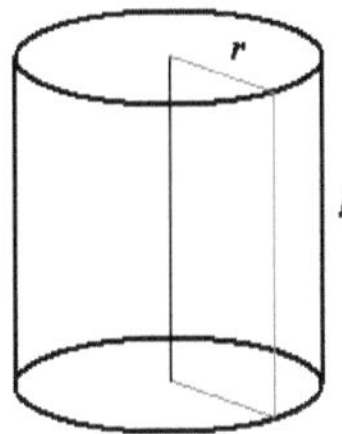


**Pole powierzchni całkowitej walca** liczymy według wzoru:

$Pc=2\cdot Pp+Pb=2\pi r^2+2\pi r\cdot h$,

gdzie $Pc$ oznacza pole całkowite walca, $Pp$ to pole powierzchni jednej podstawy (czyli pole koła o promieniu $r$: $Pp=\pi r^2$), natomiast $Pb$ to pole powierzchni bocznej walca. Powierzchnia boczna po rozwinięciu na płaszczyznę jest prostokątem o bokach $2\pi r$ oraz $h$, zatem pole powierzchni bocznej walca liczymy ze wzoru: $Pb=2\pi r\cdot h$.

**Objętość walca** liczymy według wzoru:

$V=Pp\cdot h=\pi r^2\cdot h$,

gdzie $V$ oznacza objętość, natomiast $h$ jest wysokością walca.

**Przykład:**
Powierzchnia boczna walca po rozwinięciu jest kwadratem o boku 6. Obliczmy pole powierzchni całkowitej i objętość tego walca.
Jeśli powierzchnia boczna walca jest kwadratem, to zarówno wysokość walca („pionowy" bok kwadratu), jak i obwód jego podstawy („poziomy" bok kwadratu) mają po 6. Rozpiszmy obwód podstawy walca:

$$Ob = 2\pi r$$

$$6 = 2\pi r$$

$$r = \frac{6}{2\pi} = \frac{3}{\pi}$$

A zatem pole powierzchni całkowitej walca wynosi:

$$Pc = 2 \cdot Pp + Pb = 2\pi r^2 + 2\pi r \cdot h,$$

$$Pc = 2 \cdot \pi \cdot \left(\frac{3}{\pi}\right)^2 + 2\pi \cdot \frac{3}{\pi} \cdot 6 = \frac{18}{\pi} + 36 = \frac{18 + 36\pi}{\pi}$$

I jeszcze objętość walca:

$$V = Pp \cdot h = \pi r^2 \cdot h$$

$$V = \pi\left(\frac{3}{\pi}\right)^2 \cdot 6 = \frac{54}{\pi}.$$

## *10.3.3 STOŻEK*

**Stożkiem** nazywamy bryłę obrotową powstałą poprzez obrót trójkąta prostokątnego dookoła prostej zawierającej jedną z przyprostokątnych. Przyprostokątna zawarta w osi obrotu jest wysokością stożka, a druga przyprostokątna jest promieniem podstawy stożka. Przeciwprostokątna natomiast to tworząca stożka.

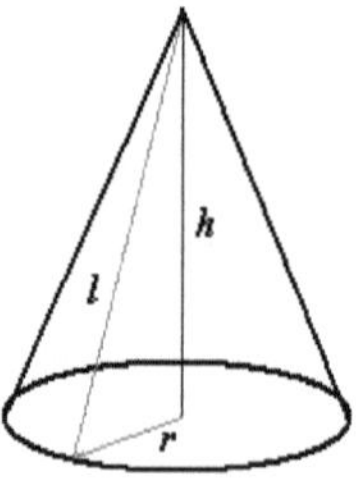


**Pole powierzchni całkowitej stożka** liczymy według wzoru:

$$Pc = Pp + Pb = \pi r^2 + \pi r l,$$

gdzie $Pc$ oznacza pole całkowite stożka, $Pp$ to pole powierzchni jego podstawy (czyli pole koła o promieniu $r$: $Pp = \pi r^2$), natomiast $Pb$ to pole powierzchni bocznej stożka. Symbolem $l$ oznaczamy tworzącą stożka.

**Objętość stożka** liczymy według wzoru:

$$V = \frac{1}{3}Pp \cdot h = \frac{1}{3}\pi r^2 \cdot h,$$

gdzie $V$ oznacza objętość, natomiast $h$ jest wysokością stożka.

**Przykład:**

Obliczmy objętość i pole powierzchni bocznej stożka, w którym promień ma 2cm, a kąt rozwarcia stożka ma miarę $60^{\circ}$.

Przekrojem osiowym stożka jest trójkąt równoramienny, w którym kąt między ramionami (czyli tworzącymi stożka) jest kątem rozwarcia stożka. Oczywiście wysokość stożka dzieli trójkąt równoramienny, a co za tym idzie również kąt rozwarcia i średnicę podstawy stożka, na dwie połowy. Do dyspozycji mamy zatem trójkąt prostokątny o przyprostokątnych r i h, przeciwprostokątnej l oraz przeciwległym do promienia kącie $30^{\circ}$.

Wykorzystajmy definicje funkcji trygonometrycznych kąta ostrego w trójkącie prostokątnym:

$$\sin 30^{o} = \frac{r}{l}$$

$$\frac{1}{2} = \frac{2}{l}$$

$$l = 4cm$$

Podobnie obliczymy wysokość stożka:

$$\cos 30^{o} = \frac{h}{l}$$

$$\frac{\sqrt{3}}{2} = \frac{h}{4}$$

$$h = 2\sqrt{3}cm$$

Możemy przejść do obliczenia powierzchni bocznej stożka:

$$Pb = \pi rl = \pi \cdot 2 \cdot 4 = 8\pi cm^2$$

A teraz objętość:

$$V = \frac{1}{3}Pp \cdot h = \frac{1}{3}\pi r^2 \cdot h = \frac{1}{3}\pi \cdot 2^2 \cdot 2\sqrt{3} = \frac{8\sqrt{3}\pi}{3}cm^3$$

### *10.3.4 KULA*

**Kula** jest bryłą obrotową powstałą przez obrót półkola dookoła prostej, w której zawarta jest średnica tego półkola.

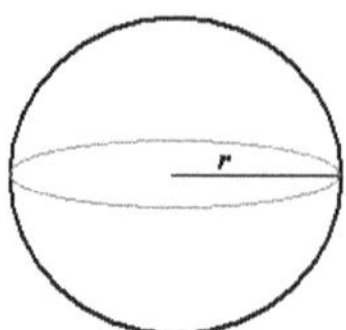


**Pole powierzchni kuli** liczymy według wzoru:

$Pc = 4\pi r^2$,

gdzie $Pc$ oznacza pole powierzchni kuli, zaś $r$ to jej promień.

**Objętość kuli** liczymy według wzoru:

$V = \frac{4}{3}\pi r^3$,

gdzie $V$ oznacza objętość kuli.

**Przykład:**

Objętość kuli wynosi $\frac{9\pi}{2}$. Obliczmy jej pole powierzchni.

W tym celu z objętości wyznaczymy promień kuli:

$V = \frac{4}{3}\pi r^3$

$\frac{9\pi}{2} = \frac{4}{3}\pi r^3$

Dzieląc obustronnie przez $\pi$ i mnożąc przez 6 otrzymujemy: $27 = 8r^3$, co daje promień $r = \frac{3}{2}$.

Możemy zatem obliczyć powierzchnię kuli:

$Pc = 4\pi r^2 = 4\pi \cdot \left(\frac{3}{2}\right)^2 = 9\pi$

## *10.4 ZADANIA DO SAMODZIELNEGO ROZWIĄZANIA*

**Zadanie 187**

W prostopadłościanie przekątna podstawy tworzy z jej bokiem kąt $30^0$. Przekątna prostopadłościanu ma długość 4 i tworzy z płaszczyzną podstawy kąt $60^0$. Oblicz objętość prostopadłościanu.

**Zadanie 188**
Oblicz objętość czworościanu foremnego, którego krawędź ma długość $a$.

**Zadanie 189**
Znajdź wysokość czworościanu foremnego o objętości $V$.

**Zadanie 190**
Krawędź boczna ostrosłupa prawidłowego czworokątnego o długości $m$ nachylona jest do płaszczyzny podstawy pod kątem $\alpha$. Znajdź objętość ostrosłupa.

**Zadanie 191**
Promień podstawy stożka jest równy $R$, a kąt rozwarcia jest równy $\alpha$. Znajdź objętość ostrosłupa prawidłowego trójkątnego, opisanego na stożku.

**Zadanie 192**
Pole trójkąta ABC jest równe $S$, bok $|AB| = b$, a $|\angle CAB| = \alpha$. Znajdź objętość bryły otrzymanej przez obrót trójkąta ABC dookoła boku AB.

**Zadanie 193**
Przekrój osiowy stożka obrotowego jest trójkątem o danym polu $S$ i kącie wierzchołkowym $2\alpha$. Oblicz objętość stożka.

**Zadanie 194**
W kulę o objętości $V$ wpisano stożek, którego przekrój osiowy ma przy wierzchołku kąt $\alpha$. Oblicz objętość tego stożka.

**Zadanie 195**
Pole powierzchni całkowitej czworościanu foremnego jest równe $6\sqrt{3}$. Oblicz jego objętość.

**Zadanie 196**
Kąt między tworzącymi przekroju osiowego stożka jest równy $60^0$. Znajdź stosunek pola powierzchni bocznej stożka do pola jego podstawy.

**Zadanie 197**
Romb o dłuższej przekątnej $d$ i kącie ostrym $2\alpha$ obraca się dookoła krótszej przekątnej. Oblicz objętość i pole powierzchni całkowitej powstałej bryły.

**Zadanie 198**

Bryła ma objętość $V$ przy obranej jednostce długości $u$. Jaka będzie objętość tej bryły, gdy za jednostkę długości przyjmiemy $\frac{u}{2}$?

**Zadanie 199**

Oblicz stosunek wysokości czworościanu foremnego do długości jego krawędzi.

**Zadanie 200**

Kulę o promieniu $r$ przetopiono na walec, którego przekrój osiowy jest kwadratem. Oblicz wysokość walca.

**Zadanie 201**

W prawidłowy ostrosłup czworokątny o wysokości $h$ i długości podstawy $a$ wpisano sześcian tak, że jego cztery wierzchołki należą do krawędzi ostrosłupa, a pozostałe do płaszczyzny podstawy. Wyznacz objętość tego sześcianu.

**Zadanie 202**

Powierzchnia boczna stożka jest po rozwinięciu ćwiartką koła o promieniu długości $R$. Oblicz objętość tego stożka.

NOTATKI

........................................................................................

........................................................................................

........................................................................................

........................................................................................

........................................................................................

........................................................................................

# *11. PODSTAWY ALGEBRY I ANALIZY MATEMATYCZNEJ (C.D.)*

## *11.1 GRANICA FUNKCJI*

Jak zapewne pamiętacie, omawialiśmy już granicę niewłaściwą funkcji w nieskończoności, granicę właściwą funkcji w nieskończoności oraz granicę niewłaściwą funkcji w punkcie. W tej części omówimy granicę właściwą funkcji w punkcie.

Istnieją dwie definicje granicy właściwej funkcji w punkcie:

### *11.1.1 DEFINICJA HEINEGO (CZYT. HAINEGO)*[15]

**Liczbę G nazywamy granicą funkcji f(x) w punkcie $x_0$, jeżeli dla każdego ciągu $[\{x_n\} \wedge n \to \infty]$ o wyrazach $x_n \in S(x_0)$ zbieżnego do $x_0$ odpowiadający mu ciąg $f(x_n)$ jest zbieżny do G. Zapisujemy to $\lim\limits_{x \to x_0} f(x) = G$.**

Oznacza to, że G jest granicą funkcji f(x) w punkcie $x_0$, gdy każdemu dowolnie wybranemu przez nas ciągowi zmiennej x, mającemu nieskończenie wiele wyrazów, a którego wartości należą do sąsiedztwa punktu $x_0$ (sąsiedztwo punktu omawiane było w części drugiej poradnika) i którego to wyrazy są zbieżne do $x_0$, odpowiadający mu ciąg wartości funkcji $\{f(x_n)\}$ jest zbieżny do G.

Możemy to przedstawić na rysunku:

---

[15] Heinrich Heine – niemiecki matematyk, znany z definicji granicy funkcji. Uczeń Gaussa i Dirichleta, ma ważny wkład w rozwój analizy matematycznej. Sformułował pojęcie jednostajnej ciągłości funkcji.

Augustin Louis Cauchy – francuski matematyk, którego wielkim wkładem do matematyki jest precyzja i ścisłość w metodologii pracy, jaką współzapoczątkował. Cauchy sprecyzował m.in. podstawy analizy matematycznej, opierając je na pojęciach granicy i ciągłości. Zajmował się też badaniami w dziedzinie mechaniki, optyki i elastyki.

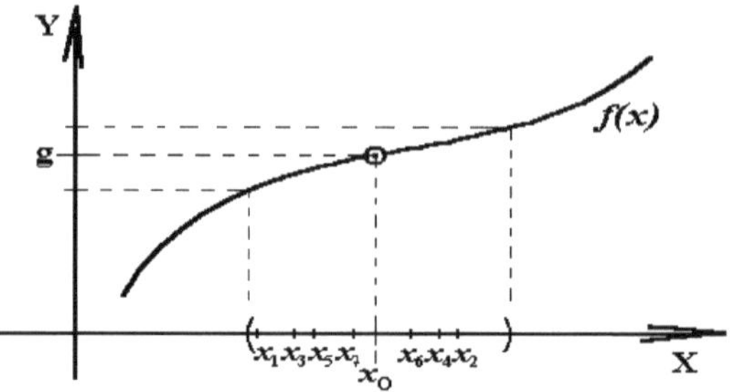


## *11.1.2 DEFINICJA CAUCHY'EGO* (CZYT. KOSZIEGO)

**Liczbę G nazywamy granicą funkcji f(x) w punkcie $x_0$, jeżeli dla każdego otoczenia liczby G o promieniu E>0 istnieje takie sąsiedztwo liczby $x_0$ o promieniu δ>0, że dla każdego $x \in S(x_0, \delta)$ jest spełnione $f(x) \in U(G, E)$.**

**Zapisujemy to** $\lim\limits_{x \to x_0} f(x) = G \Leftrightarrow \bigwedge\limits_{U(G,E)} \bigvee\limits_{S(x_0,\delta)} \bigwedge\limits_{x \in S(x_0,\delta)} \{f(x) \in U(G,E)\}$.

Obie definicje są do siebie podobne, z tym jednak wyjątkiem, że w definicji Heinego zawężamy sąsiedztwo punktu $x_0$ poprzez ciąg $x_n$ zbieżny do $x_0$, natomiast w definicji Cauchy'ego zawężamy otoczenie punktu G, tj. granicy danej funkcji.

## *11.1.3 GRANICA JEDNOSTRONNA FUNKCJI*

### *11.1.3.1 GRANICA PRAWOSTRONNA*

Mówimy, że liczba $G_P$ jest granicą prawostronną funkcji w punkcie $x_0$, jeżeli dla każdego ciągu wartości argumentu $\{x_n\}$, zmierzającego do $x_0$ z prawej strony, tzn. o wyrazach $x_n > x_0$, odpowiadający mu ciąg $f(x_n)$ wartości funkcji zmierza do $G_P$. Zapisujemy to $\lim\limits_{x \to x_0^+} f(x) = G_p$.

### *11.1.3.2 GRANICA LEWOSTRONNA*

Mówimy, że liczba $G_L$ jest granicą lewostronną funkcji w punkcie $x_0$, jeżeli dla każdego ciągu wartości argumentu $\{x_n\}$, zmierzającego do $x_0$ z lewej strony, tzn. o wyrazach $x_n < x_0$, odpowiadający mu ciąg $f(x_n)$ wartości funkcji zmierza do G L. Zapisujemy to $\lim\limits_{x \to x_0^-} f(x) = G_l$.

### *11.1.3.3 STWIERDZENIE*

Funkcja posiada granicę w punkcie $x_0$ wtedy i tylko wtedy, gdy posiada granicę prawostronną i lewostronną i granice te są sobie równe. Zapisujemy to:

$$\lim_{x \to x_0^+} f(x) = \lim_{x \to x_0^-} f(x) = \lim_{x \to x_0} f(x) = G$$

Jak się wkrótce przekonamy, istnieją funkcje, które posiadają granice jednostronne, natomiast z uwagi na to, że granice te nie są sobie równe, funkcja jednej granicy nie posiada.

**Przykład:**

$f(x) = [x]$ (czyt. antię x)

Jest to funkcja przyporządkowująca każdemu x jego wartość całkowitą, np.:
[1,2]=1; [3,8]=3; [6,8820]=6; [5,992]=5, ale $[-0{,}49] = -1; [-1{,}398] = -2; [-2{,}01] = -3$ itd.

Popatrzmy na rysunek:

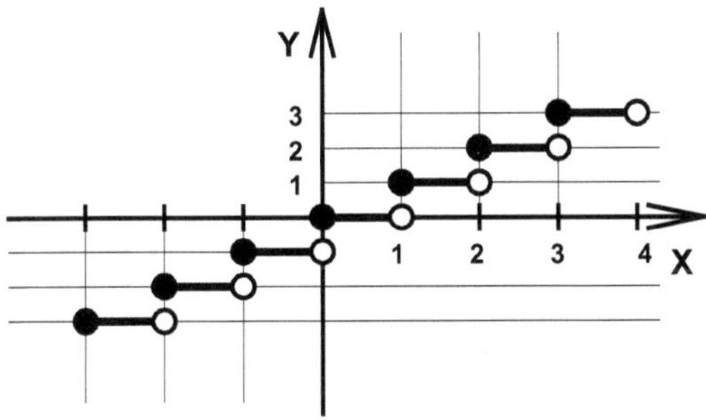

Jak widzimy, w punktach: 1, 2, 3 ... funkcja nie posiada granicy właściwej w punkcie. Posiada co prawda granice jednostronne, jednak nie są one sobie równe.

## 11.1.4 WŁASNOŚCI GRANICY FUNKCJI

### 11.1.4.1 STWIERDZENIE

Jeśli funkcje f(x) i h(x) mają w punkcie $x_0$ granice równe odpowiednio $g_1$ i $g_2$, to istnieją w punkcie $x_0$ granice funkcji: $f(x)+h(x)$, $f(x)-h(x)$, $f(x)\cdot h(x)$, $\frac{f(x)}{h(x)}$, przy czym ta ostatnia istnieje przy dodatkowym założeniu: $g_2 \neq 0$, oraz zachodzą związki:

$$\lim_{x\to x_0}(f(x)+h(x))=g_1+g_2 \qquad \lim_{x\to x_0}(f(x)-h(x))=g_1-g_2$$

$$\lim_{x\to x_0}(f(x)\cdot h(x))=g_1\cdot g_2 \qquad \lim_{x\to x_0}\left(\frac{f(x)}{h(x)}\right)=\frac{g_1}{g_2}$$

Ponadto należy wiedzieć, że:

$$\left(\lim_{x\to x_0} f(x)=\infty \wedge \lim_{x\to x_0} h(x)=g\right) \Rightarrow \begin{cases} \lim\limits_{x\to x_0}(f(x)\pm h(x))=\infty \\ \lim\limits_{x\to x_0}(f(x)\cdot h(x))=\pm\infty \wedge g\neq 0 \\ \lim\limits_{x\to x_0}\left(\frac{f(x)}{h(x)}\right)=\pm\infty \wedge g\neq 0 \\ \lim\limits_{x\to x_0}\left(\frac{h(x)}{f(x)}\right)=0 \end{cases}$$

Istotny także jest fakt, że dla ciągłej f(x) zachodzą związki:

$$\begin{cases} \lim\limits_{x\to 0}\frac{\sin[f(x)]}{f(x)}=1 \\ \lim\limits_{x\to\pm\infty}\frac{\sin[f(x)]}{f(x)}=0 \\ \lim\limits_{x\to\pm\infty}\left(1+\frac{1}{x}\right)^x=e\approx 2{,}72 \end{cases}.$$

### *11.1.5 PRZYKŁADY OBLICZANIA GRANICY FUNKCJI*

Po obszernym wstępie teoretycznym, zajmiemy się praktycznym wykorzystywaniem nabytej wiedzy. Zacznijmy od obliczeń granicy niewłaściwej funkcji w punkcie.

**Przykład :**

Obliczyć granicę funkcji: $\lim\limits_{x\to 1}\frac{7}{|x-1|}$

Analizujemy funkcję:

1) licznik jest dodatni,
2) mianownik jest dodatni,
3) mianownik dąży do zera, tzn. jest liczbą nieskończenie małą,

Iloraz liczby 7 przez liczbę nieskończenie małą dodatnią dąży do nieskończoności.

Zapisujemy to następująco:

$$\lim_{x\to 1}\frac{7}{|x-1|}=\left(\frac{7}{0^+}\right)=+\infty$$

**Dalsze przykłady:**

$$\lim_{x\to 3}\frac{5}{\sqrt{|x-3|}}=\left(\frac{5}{0^+}\right)=+\infty$$

$$\lim_{x\to 0}\frac{-1}{|x|\cdot x^4}=\left(\frac{-1}{0^+}\right)=-\infty$$

$$\lim_{x\to 4}\frac{9}{\left(x^2-9\right)\left(x^2-16\right)^4}=\left(\frac{9}{0^+}\right)=+\infty$$

Zajmijmy się teraz obliczaniem granicy właściwej w punkcie.

**Przykład:**

Obliczyć granicę funkcji: $\lim\limits_{x\to 2}\frac{2x}{x-1}$

Obliczając tą lub podobne granice stosujemy definicję Heinego, tzn. podstawiamy w miejsce zmiennej niezależnej wartość, do której ta zmienna zdąża w granicy. W tym przykładzie wartością taką jest liczba 2.

Zatem mamy:

$$\lim_{x\to 2}\frac{2x}{x-1}=f(2)=\frac{2\cdot 2}{2-1}=4$$

W ten sposób możemy jednak postępować tylko wtedy, gdy $x_0$ należy do dziedziny badanej funkcji. Często jednak $x_0$ do dziedziny funkcji nie należy. Nie możemy wtedy bezpośrednio podstawić wartości $x_0$ do wzoru funkcji.

**Przykład:**

$$\lim_{x\to -2}\frac{x^2-4}{x+2} \qquad D_f=\{x:x\in R\setminus\{-2\}\}$$

$$\lim_{x\to -2}\frac{x^2-4}{x+2}=\lim_{x\to -2}\frac{(x-2)(x+2)}{x+2}=\lim_{x\to -2}(x-2)=-4$$

**Przykład:**

$$\lim_{x\to 0}\frac{(1+x)(1+2x)(1+3x)-1}{x}=\lim_{x\to 0}\frac{(1+2x+x+2x^2)(1+3x)-1}{x}=$$

$$=\lim_{x\to 0}\frac{(2x^2+3x+1)(1+3x)-1}{x}=\lim_{x\to 0}\frac{2x^2+3x+1+6x^3+9x^2+3x-1}{x}=$$

$$=\lim_{x\to 0}\frac{6x^3+11x^2+6x}{x}=\lim_{x\to 0}\frac{x(6x^2+11x+6)}{x}=\lim_{x\to 0}(6x^2+11x+6)=6$$

Zauważmy, że podane wyżej własności granicy funkcji nie stanowią tylko „balastu" teoretycznego, a są stosowane w powyższych przykładach.

**Przykład:**

$$\lim_{x\to 0}\frac{\sqrt{x+1}-1}{x}=\lim_{x\to 0}\frac{\left(\sqrt{x+1}-1\right)\left(\sqrt{x+1}+1\right)}{x\left(\sqrt{x+1}+1\right)}=\lim_{x\to 0}\frac{x+1-1}{x\left(\sqrt{x+1}+1\right)}=$$

$$=\lim_{x\to 0}\frac{x}{x\left(\sqrt{x+1}+1\right)}=\lim_{x\to 0}\frac{1}{\sqrt{x+1}+1}=\frac{1}{2}$$

W powyższym przykładzie zastosowano wzór na iloczyn sumy dwóch wyrazów przez ich różnicę (omawiany w rozdziale trzecim).

**Przykład:**

$$\lim_{x\to 3}\frac{x^3-27}{x-3}=\lim_{x\to 3}\frac{(x-3)(x^2+3x+9)}{x-3}=\lim_{x\to 3}(x^2+3x+9)=27$$

W tym przykładzie zastosowano jeden ze wzorów:

$$(A^3-B^3)=(A-B)(A^2+AB+B^2)$$
$$(A^3+B^3)=(A+B)(A^2-AB+B^2)$$

**Przykład:**

$$\lim_{x\to 1}\frac{x^5-1}{x-1}=\lim_{x\to 1}\frac{(x^4+x^3+x^2+x+1)(x-1)}{x-1}=\lim_{x\to 1}(x^4+x^3+x^2+x+1)=5$$

W tym przykładzie natomiast zastosowano twierdzenie Bezout ' a (omawiane w rozdziale poświęconym wielomianom).

Zajmijmy się teraz granicą jednostronną funkcji w punkcie.

**Przykład:**

Obliczyć granicę funkcji: $\lim_{x\to 1^+}\frac{3}{x-1}$.

Przeanalizujmy, tak jak poprzednio, funkcję:
1) licznik jest dodatni,
2) mianownik jest dodatni (x jest większy od jedności),
3) mianownik zdąża do zera, czyli jest liczbą nieskończenie małą,
4) iloraz liczby dodatniej przez liczbę dodatnią nieskończenie małą zdąża do nieskończoności.

Zapisujemy to:

$$\lim_{x\to 1^+}\frac{3}{x-1}=\left(\frac{3}{0^+}\right)=+\infty$$

**Przykłady:**

$$\lim_{x\to 1^-}\frac{3}{x-1}=\left(\frac{3}{0^-}\right)=-\infty \qquad \lim_{x\to -3^+}\frac{-2x}{x+3}=\left(\frac{6}{0^+}\right)=\infty \qquad \lim_{x\to -2^-}\frac{1}{x^2-4}=\left(\frac{1}{0^+}\right)=\infty$$

## *11.1.6 ZADANIA DO SAMODZIELNEGO ROZWIĄZANIA*

**Zadanie 203**

Oblicz granicę funkcji: f(x) = $\frac{8x^3-1}{2x-1}$ w punkcie x = ½.

**Zadanie 204**

Wyznacz granicę: $\lim\limits_{x\to -1}\frac{x^2-1}{x+1}$.

**Zadanie 205**

Wyznacz granice:

*a.* $\lim\limits_{x\to 3}\frac{x^2-5x+6}{x^2-8x+15}$,

*b.* $\lim\limits_{x\to 0}\frac{1-\sqrt{x+1}}{x}$.

**Zadanie 206**

Oblicz granice funkcji:

a. $\lim\limits_{x\to 2}\frac{x^3-8}{x-2}$,

b. $\lim\limits_{x\to 1}\frac{x-1}{\sqrt{x}-1}$,

c. $\lim\limits_{x\to 1}$ f(x), gdzie f(x) = $\begin{cases} x^2-1; & dla\ x\le 1 \\ 2x; & dla\ x>1 \end{cases}$.

**Zadanie 207**

Wyznacz granice jednostronne funkcji:

f(x) = $\begin{cases} \frac{3}{x-1}; & dla\ x<1 \\ \frac{-2}{x-1}; & dla\ x>1 \end{cases}$ w punkcie $x_0$ = 1.

NOTATKI

.......................................................................................................

.......................................................................................................

.......................................................................................................

## *11.2 CIĄGŁOŚĆ FUNKCJI*

### *11.2.1 CIĄGŁOŚĆ FUNKCJI W PUNKCIE*

#### *11.2.1.1 DEFINICJA*

**Funkcja f(x) jest ciągła w punkcie $x_0$ wtedy i tylko wtedy, gdy istnieje f($x_0$) i f($x_0$)=$\lim\limits_{x \to x_0} f(x)$.**

Definicja ciągłości funkcji jest na tyle jasna, że wyjaśnimy sobie jedynie, w jakich punktach należy badać ciągłość funkcji w przypadku, gdy polecenie w zadaniu brzmi ogólnie: zbadać ciągłość funkcji w zbiorze R. Do tego potrzebne nam będzie jeszcze trochę teorii.

### *11.2.2 CIĄGŁOŚĆ FUNKCJI W PRZEDZIALE*

#### *11.2.2.1 STWIERDZENIE*

Jeżeli funkcja jest ciągła w każdym punkcie przedziału $(a,b)$, to mówimy, że funkcja jest ciągła w przedziale $(a,b)$. Dodatkowo jeżeli:

$$f(a) = \lim_{x \to a^+} f(x) \wedge f(b) = \lim_{x \to b^-} f(x),$$

to mówimy, że funkcja jest ciągła w przedziale $\langle a,b \rangle$.

### *11.2.3 PRZYKŁADY BADANIA CIĄGŁOŚCI FUNKCJI*

Jeśli mamy zbadać ciągłość funkcji w konkretnym punkcie, to korzystamy bezpośrednio z definicji ciągłości. Ciągłość dowolnej funkcji badamy zawsze w miejscach, w których ta funkcja "przechodzi" w inną funkcję. Miejsca te nazywamy punktami „podejrzanymi o nieciągłość". Omówmy to na przykładach.

**Przykład:**

Zbadać ciągłość funkcji (w całym zbiorze liczb rzeczywistych): $f(x) = sgn(x)$ (czyt. signum x)

Funkcja ta przyjmuje następujące wartości: $f(x)=\begin{cases} -1 \text{ dla } x<0 \\ 0 \text{ dla } x=0 \\ 1 \text{ dla } x>0 \end{cases}$

Punktem „podejrzanym o nieciągłość" jest punkt 0, w którym funkcja $f(x)=sgn(x)$ zmienia wartość.
Badamy zatem granicę lewostronną w punkcie 0, granicę prawostronną w punkcie 0, stwierdzamy, że funkcja nie posiada granicy w punkcie 0 i kończymy badanie ciągłości naszej funkcji stwierdzeniem, że nie jest ona ciągła w punkcie $x_0=0$.

**Przykład:**

Zbadać ciągłość następującej funkcji:

$$f(x)=\begin{cases} \dfrac{|x-4|}{x-4} \quad dla\ x\le -1 \\ 2x+1 \quad dla\ -1<x\le 1 \\ 2+2x-x^2 \quad dla\ x>1 \end{cases} \quad \leftrightarrow \quad \begin{aligned} & f(-1)=\frac{|x-4|}{x-4}=-1=\lim_{x\to -1^-} f(x) \\ & \lim_{x\to -1^+}(2x+1)=-1=f(-1) \\ & f(1)=2x+1=3=\lim_{x\to 1^-} f(x) \\ & \lim_{x\to 1^+}(2+2x-x^2)=3=f(1) \end{aligned}$$

W tym przykładzie punktami podejrzanymi o nieciągłość są -1 i 1. Jak widzimy, funkcja jest ciągła w zbiorze liczb rzeczywistych.

## *11.2.4 ZADANIA DO SAMODZIELNEGO ROZWIĄZANIA*

**Zadanie 208**

Zbadaj ciągłość funkcji:

*a.* $f(x)=\dfrac{\sin x}{x}$,

*b.* $f(x)=\dfrac{x}{1+x^2}$,

c. $f(x)\begin{cases} |x-3| \text{ dla } x\neq 3 \\ 2 \text{ dla } x=3 \end{cases}$.

**Zadanie 209**

Zbadaj ciągłość funkcji w punkcie $x_0$, jeżeli:

$$f(x) = \begin{cases} x^2; & dla\ x \le 1 \\ 2 - x; & dla\ x > 1 \end{cases} \quad i\ x_0 = 0.$$

**Zadanie 210**

Zbadaj ciągłość funkcji określonej wzorem:

$$f(x) = \begin{cases} \sin x + \cos x & dla\ x \neq 0 \\ 1 & dla\ x = 0 \end{cases}.$$

**Zadanie 211**

Dana jest funkcja:

$$f(x) = \begin{cases} x - 1 & dla\ x \le 0 \\ 0 & dla\ 0 < x < 2 \\ 2x - 4 & dla\ x \ge 2 \end{cases}.$$

Czy ta funkcja jest ciągła? Sporządź jej wykres.

**Zadanie 212**

Zbadaj ciągłość funkcji

$$f(x) = \begin{cases} \frac{x}{|x|} & dla\ x \neq 0 \\ 0 & dla\ x = 0 \end{cases}$$ Sporządź wykres tej funkcji.

**Zadanie 213**

Oblicz, dla jakiej wartości parametru m funkcja jest ciągła w $D_f = R$.

$$f(x) = \begin{cases} |x| & dla\ x \neq 0 \\ m & dla\ x = 0 \end{cases}.$$

**Zadanie 214**

Dana jest funkcja:

$$f(x) = \begin{cases} x^2 & dla\ x \le 2 \\ ax - 2 & dla\ x > 2 \end{cases}.$$

Dla jakich wartości parametru a funkcja ta jest ciągła w swojej dziedzinie?

**Zadanie 215**

Wyznacz liczbę a tak, aby funkcja:

$$f(x)=\begin{cases}\dfrac{x^2-4x+3}{x-1} & dla\ x\neq 1\\ a & dla\ x=1\end{cases}$$ była ciągła w punkcie $x=1$.

NOTATKI

.......................................................................................................

.......................................................................................................

.......................................................................................................

.......................................................................................................

.......................................................................................................

.......................................................................................................

.......................................................................................................

# *11.3 FUNKCJA POTĘGOWA*

## *11.3.1 POTĘGA O WYKŁADNIKU NATURALNYM*

### *11.3.1.1 DEFINICJA*

$$\bigwedge_{a\in R\setminus\{0\}\wedge n\in N}\begin{cases}a^0=1\\ a^n=\underbrace{a\cdot a\cdot a\cdot a\cdot\ldots\cdot a}_{n}\end{cases}$$

### *11.3.1.2 PRZYDATNE TWIERDZENIA*

$$a^{m+n}=a^m\cdot a^n \leftrightarrow a^{m-n}=\frac{a^m}{a^n} \leftrightarrow a^{m\cdot n}=\left(a^m\right)^n \leftrightarrow a^nb^nc^n=(abc)^n \leftrightarrow \frac{a^n}{b^n}=\left(\frac{a}{b}\right)^n$$

To podstawowe własności działań na potęgach.

## *11.3.2 POTĘGA O WYKŁADNIKU UJEMNYM*

### *11.3.2.1 DEFINICJA*

$$\bigwedge_{a\in R\setminus\{0\}\wedge n\in N} a^{-n}=\left(\frac{1}{a}\right)^n=\frac{1}{a^n}$$

### *11.3.3 PIERWIASTEK ARYTMETYCZNY N-TEGO STOPNIA*

#### *11.3.3.1 DEFINICJA*

$$\bigwedge_{n\in N\setminus\{0\}\wedge a\geq 0\wedge b\geq 0} \sqrt[n]{a}=b \Leftrightarrow b^n=a$$

#### *11.3.3.2 PRZYDATNE TWIERDZENIA*

$$\sqrt{a^2}=|a| \quad \leftrightarrow \quad \sqrt[n]{a}\cdot\sqrt[n]{b}=\sqrt[n]{a\cdot b} \quad \leftrightarrow \quad \sqrt[n]{\frac{a}{b}}=\frac{\sqrt[n]{a}}{\sqrt[n]{b}} \quad \leftrightarrow \quad \sqrt[n]{\sqrt[m]{a}}=\sqrt[n\cdot m]{a}$$

### *11.3.4 POTĘGA O WYKŁADNIKU WYMIERNYM*

#### *11.3.4.1 DEFINICJA*

$$\bigwedge_{a\in R^+\wedge\, n\in N\setminus\{0\}} a^{\frac{1}{n}}=\sqrt[n]{a}$$

### *11.3.5 FUNKCJA POTĘGOWA*

#### *11.3.5.1 DEFINICJA*

**Funkcją potęgową nazywamy funkcję postaci:**
$f(x)=x^{\alpha}$, **gdzie** $\alpha\in R$.

## *11.4 FUNKCJA WYKŁADNICZA*

### *11.4.1 DEFINICJA*

**Funkcją wykładniczą nazywamy funkcję postaci:**
$f(x)=a^x \leftrightarrow f(x)=\exp_a x$
**gdzie:** $a\in R^+\setminus\{1\}\wedge D_f=\{x:x\in R\}$.

Podane dwa wzory funkcji wykładniczej są sobie równoważne.
Skrót „exp” we wzorze drugim jest skrótem nazwy łacińskiej "eksponenta".

### *11.4.2 WYKRES FUNKCJI WYKŁADNICZEJ*

Wykres funkcji wykładniczej nazywamy krzywą wykładniczą, która, zależnie od wartości a, może mieć różny kształt. Popatrzmy:

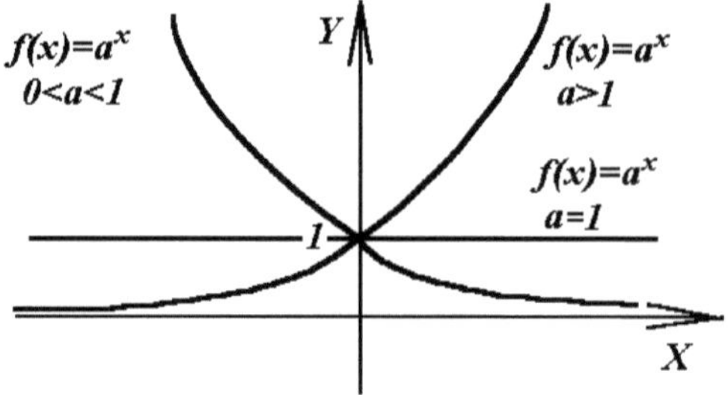


### *11.4.3 WŁASNOŚCI FUNKCJI WYKŁADNICZEJ*

- *Funkcja wykładnicza nie jest funkcją parzystą i nie jest funkcją nieparzystą.*

- *Jest funkcją różnowartościową, za wyjątkiem przypadku a=1.*

- *Dla a>1 funkcja w całej swojej dziedzinie jest rosnąca.*

- *Dla 0<a<1 funkcja w całej swojej dziedzinie jest malejąca.*

- *Dla każdego* $a \in R^{+} \setminus \{1\}$ *zbiorem wartości funkcji* $f(x) = a^{x}$ *jest zbiór liczb* $R^{+}$.

- $\left[a \in R^{+} \setminus \{1\} \wedge x_1, x_2 \in R\right] \Rightarrow \begin{cases} f(x_1) = f(x_2) \Leftrightarrow x_1 = x_2 \\ f(x_1) < f(x_2) \Leftrightarrow x_1 < x_2 \wedge a > 1 \\ f(x_1) > f(x_2) \Leftrightarrow x_1 < x_2 \wedge 0 < a < 1 \end{cases}$.

- *Dziedziną funkcji jest zbiór liczb rzeczywistych: D=R.*

- *Funkcja nie posiada miejsc zerowych.*

- *Funkcja przyjmuje zawsze znak dodatni.*

- *Funkcja nie posiada osi symetrii.*

- *Funkcja nie posiada środków symetrii.*

- *Granice:*

$$[a>1] \Leftrightarrow \begin{cases} \lim\limits_{x\to\infty} a^x = \infty \\ \lim\limits_{x\to-\infty} a^x = 0 \end{cases} \qquad [0<a<1] \Leftrightarrow \begin{cases} \lim\limits_{x\to-\infty} a^x = \infty \\ \lim\limits_{x\to\infty} a^x = 0 \end{cases}.$$

# *11.5 RÓWNANIA WYKŁADNICZE*

## *11.5.1 DEFINICJA*

**Równaniem wykładniczym nazywamy równanie postaci:**
$a^x = b$**, gdzie** $a \in R^+ \setminus \{1\} \wedge x \in R \wedge b \in R^+$

**Przykład:**

$3^x = 9 \Leftrightarrow 3^x = 3^2 \Leftrightarrow x = 2 \qquad D = R$

Rozwiązanie równania wykładniczego polega na doprowadzeniu obu stron równości do postaci potęg o tej samej podstawie, a następnie porównaniu wykładników tych potęg. Do tych operacji będą nam bardzo pomocne podane wcześniej własności działań na potęgach.

## *11.5.2 PRZYKŁADY*

Rozwiążmy następujące równanie wykładnicze:

**Przykład:**

$$8^{3x-5} = 0{,}125 \cdot \left(\frac{\sqrt{2}}{4}\right)^{6-5x} \qquad D = R$$

$$\Updownarrow$$

$$\left(2^3\right)^{3x-5} = \left(2^{-3}\right) \cdot \left(\frac{2^{\frac{1}{2}}}{2^2}\right)^{6-5x} \Leftrightarrow 2^{9x-15} = \left(2^{-3}\right) \cdot \left(2^{-\frac{3}{2}}\right)^{6-5x} \Leftrightarrow$$

$$\Leftrightarrow 2^{9x-15} = 2^{-3} \cdot 2^{-9+\frac{15}{2}x} \Leftrightarrow 2^{9x-15} = 2^{-12+\frac{15}{2}x} \Leftrightarrow 9x - 15 = \frac{15}{2}x - 12 \Leftrightarrow$$

$$\Leftrightarrow 9x - \frac{15}{2}x = 15 - 12 \Leftrightarrow \frac{18}{2}x - \frac{15}{2}x = 3 \Leftrightarrow \frac{3}{2}x = 3 \Leftrightarrow x = 2$$

**Przykład:**

A teraz przykład trochę trudniejszy:

$4^x - 9 \cdot 2^x + 8 = 0 \qquad D = R$

Równanie to możemy zapisać w postaci:
$(2^x)^2 - 9 \cdot 2^x + 8 = 0$

Podstawiając: $2^x = k \wedge k > 0$
otrzymujemy łatwe do rozwiązania równanie kwadratowe:

$$k^2 - 9k + 8 = 0 \Leftrightarrow \begin{pmatrix} k_1 = 1 \\ k_2 = 8 \end{pmatrix}$$

Wracając do podstawienia, otrzymujemy dwa rozwiązania równania wykładniczego

$$\begin{pmatrix} k_1 = 1 \Leftrightarrow 2^x = 1 \Leftrightarrow 2^x = 2^0 \Leftrightarrow x = 0 \\ k_2 = 8 \Leftrightarrow 2^x = 8 \Leftrightarrow 2^x = 2^3 \Leftrightarrow x = 3 \end{pmatrix}$$

# *11.6 NIERÓWNOŚCI WYKŁADNICZE*

## *11.6.1 DEFINICJA*

**Nierównością wykładniczą nazywamy nierówność postaci:**

$a^x < b \vee a^x > b \vee a^x \leq b \vee a^x \geq b$, **gdzie** $a \in R^+ \setminus \{1\} \wedge x \in R \wedge b \in R^+$

Schemat postępowania podczas rozwiązywania nierówności wykładniczej jest taki sam, jak podczas rozwiązywania równania wykładniczego, z tą jednak różnicą, że opuszczając podstawy potęg obu stron nierówności zwracamy uwagę na fakt, czy $a > 1$, czy też $0 < a < 1$.

**Zapamiętajmy, że:**

**jeżeli *a*>1, to opuszczając podstawy potęg nie zmieniamy znaku nierówności,**

**jeżeli 0 < *a* < 1, to opuszczając podstawy potęg zmieniamy znak nierówności na przeciwny.**

Konieczność zmiany znaku nierówności w zależności od $a$ wynika z jej monotoniczności.

### *11.6.2 PRZYKŁADY*

**Przykład:**
Rozwiążmy następującą nierówność wykładniczą:

$2^{2x+4} - 4^x > 15 \qquad D = R$

Analogicznie do przykładu równania wykładniczego, dokonujemy podstawienia: $k = 2^{2x} \wedge k > 0$, lecz tym razem doprowadzamy nierówność wykładniczą do postaci nierówności liniowej:

$$2^{2x+4} - 2^{2x} > 15 \Leftrightarrow k \cdot 2^4 - k > 15 \Leftrightarrow 15k > 15 \Leftrightarrow$$

$$\Leftrightarrow k > 1 \Leftrightarrow 2^{2x} > 1 \Leftrightarrow 2^{2x} > 2^0 \Leftrightarrow \begin{cases} 2x > 0 \Leftrightarrow x > 0 \\ \textit{nie zmieniamy znaku, bo a = 2 > 1} \end{cases}.$$

**Przykład:**
Rozwiążmy następującą nierówność wykładniczą:

$$(3-x)^{\frac{3x-5}{3-x}} < 1 \qquad \begin{pmatrix} 3-x>0 \Leftrightarrow x<3 \\ 3-x \neq 1 \Leftrightarrow x \neq 2 \\ 3-x \neq 0 \Leftrightarrow x \neq 3 \end{pmatrix} \qquad D = \{x : x \in (-\infty, 2) \cup (2,3)\}$$

Rozwiązując nierówność musimy rozpatrzyć dwa przypadki:

- Niech $3 - x > 1 \Leftrightarrow x < 2$

$$(3-x)^{\frac{3x-5}{3-x}} < (3-x)^0 \Leftrightarrow \frac{3x-5}{3-x} < 0 \Leftrightarrow (3x-5)(3-x) < 0 \Leftrightarrow x \in \left(-\infty, \frac{5}{3}\right)$$

- Niech $0 < 3 - x < 1 \Leftrightarrow x \in (2,3)$

$$(3-x)^{\frac{3x-5}{3-x}} < (3-x)^0 \Leftrightarrow \frac{3x-5}{3-x} > 0 \Leftrightarrow (3x-5)(3-x) > 0 \Leftrightarrow x \in (2,3)$$

Rozwiązaniem ostatecznym nierówności będzie: $x \in \left(-\infty, \frac{5}{3}\right) \cup (2,3)$.

## *11.7 ZADANIA DO SAMODZIELNEGO ROZWIĄZANIA*

**Zadanie 216**
Przez jakie przekształcenie z wykresu funkcji $y = 2^x$ można otrzymać wykres funkcji:

$y=-2^x$

$y=2^{|x|}$

$y=\left|2^x-1\right|$

Naszkicuj wykresy tych funkcji.

**Zadanie 217**

Jakich przekształceń należy dokonać, aby z wykresu funkcji określonej wzorem: $f(x)=2^x$ otrzymać wykresy funkcji:

$x\to 2^{x+1}$,

$x\to -2^{x+1}$,

$x\to 2^x+3$.

**Zadanie 218**

Rozwiąż równanie: $8^x\cdot 4^{2x-3}=16^{2x-5}$.

**Zadanie 219**

Rozwiąż równanie: $4^x-7\cdot 2^x=8$.

**Zadanie 220**

Rozwiąż równanie: $4^x-6\cdot 2^x+8=0$.

**Zadanie 221**

Rozwiąż nierówność: $\left(\frac{5}{4}\right)^{3-x-x^2}<(0,8)^{x^2-2x+2}$.

**Zadanie 222**

Rozwiąż nierówność: $\left(\frac{1}{2}\right)^{\frac{x+1}{x-1}}\le\frac{1}{16}$.

**Zadanie 223**

Rozwiąż nierówność: $9^{\frac{4}{x}}<\sqrt{3}$.

**Zadanie 224**

Rozwiąż nierówność: $3^{2x+1}+2\cdot 3^x-1\ge 0$.

**Zadanie 225**

Rozwiąż nierówność: $\left(\frac{2}{3}\right)^{x^2} > \left(\sqrt{\frac{3}{2}}\right)^x$.

**Zadanie 226**

Rozwiąż nierówność: $3^{\frac{x-3}{3x-2}} < \frac{1}{3}$.

NOTATKI

........................................................................................................................
........................................................................................................................
........................................................................................................................
........................................................................................................................
........................................................................................................................
........................................................................................................................
........................................................................................................................

# *11.8 FUNKCJA LOGARYTMICZNA*

## *11.8.1 DEFINICJA*

**Funkcją logarytmiczną nazywamy funkcję postaci:**

$y = \log_p x$, **gdzie** $y \in R \wedge p \in R^+ \setminus \{1\} \wedge x \in R^+$

**p - podstawa logarytmu**
**x - wyrażenie logarytmowane**
**y - wartość logarytmu**

**Funkcję czytamy: logarytm przy podstawie p z x jest równy y.**

W szczególności pamiętajmy, że:

***A) logarytm dziesiętny (o podstawie równej dziesięć) zapisujemy w uproszczeniu:*** $\log a = \log_{10} a$ ***(czyt. logarytm dziesiętny z a).***

***B) logarytm naturalny (o podstawie równej*** $e \approx 2{,}72$***) zapisujemy w uproszczeniu:*** $\ln a = \log_e a$ ***(czyt. logarytm naturalny z a).***

### *11.8.2 WYKRES FUNKCJI LOGARYTMICZNEJ*

Funkcja logarytmiczna jest funkcją odwrotną do funkcji wykładniczej, zatem wiedząc, że wykres funkcji odwrotnej do danej jest symetryczny względem prostej y=x, wykres funkcji logarytmicznej będzie wyglądał następująco:

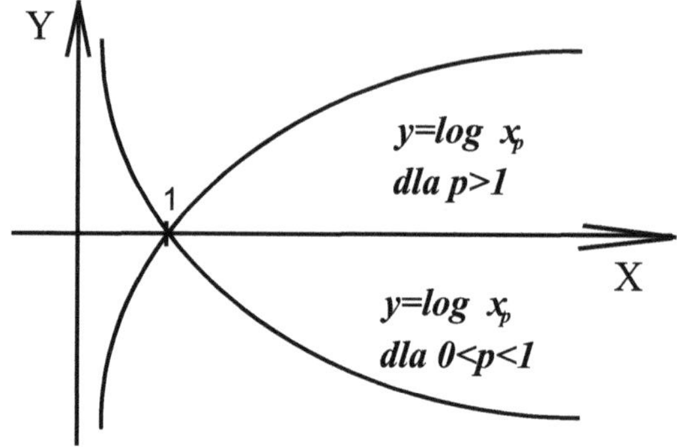


### *11.8.3 WŁASNOŚCI FUNKCJI LOGARYTMICZNEJ*

- *Funkcja logarytmiczna nie jest funkcją parzystą i nie jest funkcją nieparzystą.*
- *Jest funkcją różnowartościową.*
- *Dla p>1 funkcja w całej swojej dziedzinie jest rosnąca.*
- *Dla 0<p<1 funkcja w całej swojej dziedzinie jest malejąca.*
- $\left[p \in R^{+} \setminus \{1\} \wedge x_1, x_2 \in R^{+}\right] \Rightarrow \begin{cases} f(x_1) = f(x_2) \Leftrightarrow x_1 = x_2 \\ f(x_1) < f(x_2) \Leftrightarrow x_1 < x_2 \wedge p > 1 \\ f(x_1) > f(x_2) \Leftrightarrow x_1 < x_2 \wedge 0 < p < 1 \end{cases}$
- *Dziedziną funkcji jest zbiór liczb rzeczywistych dodatnich.*
- *Przeciwdziedziną funkcji jest zbiór liczb rzeczywistych.*
- *Funkcja posiada miejsce zerowe w punkcie A (1,0).*
- *Funkcja nie posiada osi symetrii.*
- *Funkcja nie posiada środków symetrii.*

## *11.9 RÓWNANIA LOGARYTMICZNE*

### *11.9.1 DEFINICJA*

**Równaniem logarytmicznym nazywamy równanie postaci:**

$\log_p x = c \Leftrightarrow p^c = x$, **gdzie** $c \in R \wedge p \in R^{+} \setminus \{1\} \wedge x \in R^{+}$

### *11.9.2 WŁASNOŚCI LOGARYTMÓW*

$$\bigwedge_{p \wedge c \in R_+ \setminus \{1\} \wedge x, x_1, x_2 \in R_+} \begin{cases} \log_p x_1 + \log_p x_2 = \log_p(x_1 \cdot x_2) \\ \log_p x_1 - \log_p x_2 = \log_p\left(\dfrac{x_1}{x_2}\right) \\ \log_p x^n = n \cdot \log_p x \\ \log_p x = \dfrac{\log_c x}{\log_c p} \end{cases}$$

Udowodnijmy wszystkie cztery własności.

#### *11.9.2.1 DOWÓD WŁASNOŚCI PIERWSZEJ*

$$\bigwedge_{p \in R_+ \setminus \{1\} \wedge x_1, x_2 \in R_+} \log_p x_1 + \log_p x_2 = \log_p(x_1 \cdot x_2)$$

**DOWÓD 1**

$\log_p x_1 = y_1 \Leftrightarrow x_1 = p^{y_1} \wedge \log_p x_2 = y_2 \Leftrightarrow x_2 = p^{y_2}$

Zatem: $x_1 \cdot x_2 = p^{y_1 + y_2}$

Stąd, na podstawie definicji logarytmu: $\log_p(x_1 \cdot x_2) = y_1 + y_2$

czyli $\log_p(x_1 \cdot x_2) = \log_p x_1 + \log_p x_2$

#### *11.9.2.2 DOWÓD WŁASNOŚCI DRUGIEJ*

$$\bigwedge_{p \in R_+ \setminus \{1\} \wedge x_1, x_2 \in R_+} \log_p x_1 - \log_p x_2 = \log_p\left(\frac{x_1}{x_2}\right)$$

**DOWÓD 2**

$$\log_p x_1 - \log_p x_2 = \log_p\left(\frac{x_1}{x_2}\right) \Leftrightarrow \log_p\left(\frac{x_1}{x_2}\right) + \log_p x_2 = \log_p x_1$$

Z poprzedniego twierdzenia wynika, że:

$$\log_p\left(\frac{x_1}{x_2}\right) + \log_p x_2 = \log_p\left(\frac{x_1}{x_2} \cdot x_2\right) = \log_p x_1$$

### *11.9.2.3 DOWÓD WŁASNOŚCI TRZECIEJ*

$$\bigwedge_{p \in R_+ \setminus \{1\} \wedge x \in R_+} \log_p x^n = n \cdot \log_p x$$

**DOWÓD 3**

$\log_p x = y \Leftrightarrow x = p^y$

Zatem: $x^n = (p^y)^n = p^{n \cdot y}$

Stąd, na postawie definicji logarytmu mamy:

$\log_p x^n = n \cdot y = n \cdot \log_p x$

### *11.9.2.4 DOWÓD WŁASNOŚCI CZWARTEJ*

$$\bigwedge_{p \wedge c \in R_+ \setminus \{1\} \wedge x \in R_+} \log_p x = \frac{\log_c x}{\log_c p}$$

Jest to wzór na zamianę podstawy logarytmu.

**DOWÓD 4**

Zanim rozpoczniemy dowodzenie tego twierdzenia zwróćmy uwagę, że:

$$x^{\log_x p} = p$$

$$p^{\frac{1}{\log_x p}} = x$$

We wzorze pierwszym w wykładniku potęgi dostajemy liczbę, do której podniesione x daje p, a zatem, jeżeli podniesiemy x do tej potęgi, to dostaniemy właśnie p.

We wzorze drugim mamy sytuację przeciwną: pierwiastkujemy p pierwiastkiem o stopniu równym wartości potęgi, do której podniesione x daje p.

Przejdźmy zatem do dowodu:

$$\log_p x = \frac{\log_c x}{\log_c p} \Leftrightarrow p^{\frac{\log_c x}{\log_c p}} = x \Leftrightarrow p^{\frac{1}{\log_c p}} = x^{\frac{1}{\log_c x}} \Leftrightarrow c = c$$

### *11.9.3 PRZYKŁADY*

Równania logarytmiczne rozwiązujemy podobnie jak równania wykładnicze, tym razem jednak doprowadzamy do równości podstawy logarytmów.

**Przykład:**

Rozwiążmy następujące równanie logarytmiczne:

$\log|2x-3| - \log|3x-2| = 1 \quad D = \{x : 2x-3 \neq 0 \wedge 3x-2 \neq 0\}$

$$D = \left\{x : x \in R \setminus \left\{\frac{2}{3}, \frac{3}{2}\right\}\right\}$$

Jeden z logarytmów przenosimy na prawą stronę równania i zamieniamy stojąca tam liczbę 1 na logarytm dziesiętny: $\log|2x-3| = \log 10 + \log|3x-2|$.

Następnie korzystamy z własności działań na logarytmach:

$\log|2x-3| = \log(10 \cdot |3x-2|) \Leftrightarrow |2x-3| = 10 \cdot |3x-2|$

Ponieważ teraz do rozwiązania mamy równanie z dwiema wartościami bezwzględnymi musimy, zgodnie z definicją wartości bezwzględnej, rozpatrzyć przypadki:

$$dla\ x \in \left(-\infty, \frac{2}{3}\right) \text{mamy:} -2x+3 = 10(-3x+2) \Leftrightarrow 28x = 17 \Leftrightarrow x = \frac{17}{28} \in \left(-\infty, \frac{2}{3}\right)$$

$$dla\ x \in \left(\frac{2}{3}, \frac{3}{2}\right) \text{mamy:} -2x+3 = 10(3x-2) \Leftrightarrow 32x = 23 \Leftrightarrow x = \frac{23}{32} \in \left(\frac{2}{3}, \frac{3}{2}\right)$$

$$dla\ x \in \left(\frac{3}{2}, \infty\right) \text{mamy:} 2x-3 = 10(3x-2) \Leftrightarrow 28x = 17 \Leftrightarrow x = \frac{17}{28} \notin \left(\frac{3}{2}, \infty\right)$$

Ostatecznie mamy: $\{x \in D : \log|2x-3| - \log|3x-2| = 1\} = \left\{\frac{17}{28}, \frac{23}{32}\right\}$.

**Przykład:**

Rozwiążmy następujące równanie logarytmiczne:

$\log_4\{2 \cdot \log_3[1 + \log_2(1 + \log_2 x)]\} = \frac{1}{2} \quad D = R_+$

W równaniu tym mamy do czynienia ze złożeniem logarytmów o kilku podstawach i będziemy rozwiązywać te logarytmy sukcesywnie. Krok pierwszy - zamieniamy prawą stronę równania na logarytm o podstawie 4 i porównujemy wyrażenia logarytmowane:

$$\log_4\{2\cdot\log_3[1+\log_2(1+\log_2 x)]\}=\log_4 2 \Leftrightarrow 2\cdot\log_3[1+\log_2(1+\log_2 x)]=2$$

Następnie zamieniamy prawą stronę równania na logarytm o podstawie 3 i znowu porównujemy wyrażenia logarytmowane, itd.:

$$\log_3[1+\log_2(1+\log_2 x)]=1 \Leftrightarrow \log_3[1+\log_2(1+\log_2 x)]=\log_3 3 \Leftrightarrow$$
$$\Leftrightarrow 1+\log_2(1+\log_2 x)=3 \Leftrightarrow \log_2(1+\log_2 x)=2 \Leftrightarrow \log_2(1+\log_2 x)=\log_2 4 \Leftrightarrow$$
$$\Leftrightarrow 1+\log_2 x=4 \Leftrightarrow \log_2 x=3 \Leftrightarrow \log_2 x=\log_2 8 \Leftrightarrow x=8\in D$$

Ostatecznie: $\left\{x\in D:\log_4\{2\cdot\log_3[1+\log_2(1+\log_2 x)]\}=\frac{1}{2}\right\}=\{8\}$

**Przykład:**

A teraz przykład trochę trudniejszy. Rozwiążmy następujące równanie logarytmiczne:

$$\frac{1}{5-4\log x}+\frac{4}{1+\log x}=3 \qquad D=\{x:\ 5-4\log x\neq 0\wedge 1+\log x\neq 0\}$$

$$x\neq 10^{\frac{5}{4}}\wedge x\neq\frac{1}{10}$$

$$D=\left\{x:\ x\in R_+\setminus\left\{10^{\frac{5}{4}},\frac{1}{10}\right\}\right\}$$

Dodajemy wyrażenia po lewej stronie równania (oczywiście sprowadzając je wcześniej do wspólnego mianownika), a następnie mnożymy obustronnie równanie przez ten mianownik:

$$\frac{1+\log x+4(5-4\log x)}{(5-4\log x)(1+\log x)}=3 \ \Big|(5-4\log x)(1+\log x)\Leftrightarrow$$
$$1+\log x+20-16\log x=3(5-4\log x)(1+\log x)\Leftrightarrow$$
$$\Leftrightarrow \log x-16\log x+21=15+15\log x-12\log x-12\log x\log x$$

Wprowadzamy nową zmienną: $\log x=k$ i doprowadzamy równanie logarytmiczne do postaci dobrze nam znanego równania kwadratowego:

$k-16k+21=15+15k-12k-12k^2 \Leftrightarrow 12k^2-18k+6=0 \Leftrightarrow$

$$\Leftrightarrow \begin{cases} \sqrt{\Delta}=6 \\ k_1=0{,}5 \Leftrightarrow \log x=0{,}5 \Leftrightarrow x=\sqrt{10}\in D \\ k_2=1 \Leftrightarrow \log x=1 \Leftrightarrow x=10\in D \end{cases}$$

Ostatecznie mamy: $\left\{x\in D: \frac{1}{5-4\log x}+\frac{4}{1+\log x}=3\right\}=\left\{\sqrt{10},10\right\}.$

**Przykład:**

Rozwiążmy następujące równanie logarytmiczne:

$\log_{16}x+\log_4 x+\log_2 x=7 \qquad D=R_+$

Sprowadzamy wszystkie logarytmy do postaci logarytmów o tej samej podstawie równej 2, a następnie sprowadzamy wyrażenia lewej strony równania do wspólnego mianownika:

$$\frac{\log_2 x}{\log_2 16}+\frac{\log_2 x}{\log_2 4}+\log_2 x=7 \Leftrightarrow \frac{\log_2 x\cdot\log_2 4+\log_2 x\cdot\log_2 16+\log_2 x\cdot\log_2 16\cdot\log_2 4}{\log_2 16\cdot\log_2 4}=7 \Leftrightarrow$$

$$\Leftrightarrow \log_2 x\cdot\log_2 4+\log_2 x\cdot\log_2 16+\log_2 x\cdot\log_2 16\cdot\log_2 4=7\cdot\log_2 16\cdot\log_2 4$$

Korzystając z definicji logarytmu otrzymujemy:

$2\log_2 x+4\log_2 x+8\log_2 x=56 \Leftrightarrow 14\log_2 x=56 \Leftrightarrow \log_2 x=4 \Leftrightarrow x=16\in D$

A zatem: $\{x\in D: \log_{16}x+\log_4 x+\log_2 x=7\}=\{16\}$

**Przykład:**

Rozwiążmy następujące równanie logarytmiczne:

$x^{\log x}+10x^{-\log x}=11 \qquad D=R_+$

Wprowadzamy nową zmienną: $x^{\log x}=k$ i doprowadzamy równanie do postaci równania kwadratowego:

$k+10\cdot\frac{1}{k}=11 \Leftrightarrow \frac{k^2+10}{k}=11 \Leftrightarrow k^2-11k+10=0$

Otrzymujemy dwa rozwiązania równania kwadratowego, zatem równanie logarytmiczne również będziemy dalej rozpatrywać w dwóch wariantach. Dla pierwszego pierwiastka równania kwadratowego ciąg dalszy wygląda następująco:

$k_1=1 \Leftrightarrow x^{\log x}=1 \Leftrightarrow x^{\log x}=x^0 \Leftrightarrow \log x=0 \Leftrightarrow x=1\in D$

A teraz ciąg dalszy rozwiązania dla drugiego pierwiastka równania kwadratowego:

$k_2 = 10 \Leftrightarrow x^{\log x} = 10 \Leftrightarrow \log x^{\log x} = \log 10 \Leftrightarrow \log x \cdot \log x = 1 \Leftrightarrow \log^2 x = 1$

W tym miejscu wprowadzamy kolejne podstawienie: $\log x = m$

$m^2 - 1 = 0 \Leftrightarrow$

$\Leftrightarrow (m = 1 \Leftrightarrow \log x = 1 \Leftrightarrow x = 10 \in D \vee m = -1 \Leftrightarrow \log x = -1 \Leftrightarrow x = 0{,}1 \in D$

Ostatecznym rozwiązaniem równania jest: $\{x \in D : x^{\log x} + 10x^{-\log x} = 11\} = \{0{,}1;1;10\}$.

# *11.10 NIERÓWNOŚCI LOGARYTMICZNE*

## *11.10.1 DEFINICJA*

**Nierównością logarytmiczną nazywamy nierówność postaci:**

$\log_p x < c \vee \log_p x > c \vee \log_p x \leq c \vee \log_p x \geq c$

**gdzie** $c \in R \wedge p \in R^+ \setminus \{1\} \wedge x \in R^+$.

## *11.10.2 PRZYKŁAD*

Nierówności logarytmiczne rozwiązujemy w podobny sposób, jak nierówności wykładnicze. Tym jednak razem będziemy zwracać uwagę na podstawę logarytmu.

Rozwiążmy następującą nierówność logarytmiczną:

$\log_{(2x-3)}(3x^2 - 7x + 3) < 2 \qquad D = \{x : 2x - 3 > 0 \wedge 2x - 3 \neq 1 \wedge 3x^2 - 7x + 3 > 0\}$

$$x > \frac{3}{2} \wedge x \neq 2 \wedge (x < 0{,}566 \vee x > 1{,}768)$$

$$D = \{x : x \in (1{,}768\,;2) \cup (2\,;\infty)\}$$

Zakładamy, że $x \in (1{,}768;2)$. Wówczas $0 < 2x - 3 < 1$.

$\log_{(2x-3)}(3x^2 - 7x + 3) < \log_{(2x-3)}(2x-3)^2 \Leftrightarrow 3x^2 - 7x + 3 > (2x-3)^2 \Leftrightarrow$

$\Leftrightarrow x^2 - 5x - 6 < 0 \Leftrightarrow x \in (2\,;3)$

Mamy jednak $(2\,;3) \cap (1{,}768\,;2) = \varnothing$

Ostatecznie rozwiązaniem jest: $\{x \in D : \log_{(2x-3)}(3x^2 - 7x + 3) < 2\} = (3;\infty)$.

## *11.11 ZADANIA DO SAMODZIELNEGO ROZWIĄZANIA*

**Zadanie 227**

Wyznacz dziedzinę funkcji: $f(x)=\sqrt{\log_{0,5}(x-3)+1}$.

**Zadanie 228**

Wyznacz dziedzinę funkcji: $y = \log(\sqrt{3} - \operatorname{tg} x)$.

**Zadanie 229**

Wyznacz dziedzinę funkcji: $f(x) = \log_3(x^2 - 5x)$.

**Zadanie 230**

Zbadaj, dla jakich wartości parametru m dziedziną funkcji:

$y=\log\left[(2m-3)x^2+(6-m)x+\frac{1}{7}(m-9)\right]$ jest zbiór R.

**Zadanie 231**

Wyznacz dziedzinę funkcji: $f(x)=\frac{1}{x}+\frac{1}{\log(2-x^2)}$.

**Zadanie 232**

Wiedząc, że $\log_3 x = a$, oblicz: $\log_{27}x$, $\log_{\frac{1}{81}} x$.

**Zadanie 233**

Rozwiąż układ równań:

$$\begin{cases} 3^{x^2+x-2}=1 \\ \log(2-x)+\log x=0 \end{cases}.$$

**Zadanie 234**

Rozwiąż nierówność:

$\log_8 x + \log_8^2 x + \log_8^3 x + \ldots \leq \frac{1}{2}$.

**Zadanie 235**

Dla jakich wartości parametru *m* dziedziną funkcji: $f(x)=\log\left[(2m-3)x^2+(6-m)x+\frac{1}{7}(m-9)\right]$ jest zbiór wszystkich liczb rzeczywistych?

**Zadanie 236**

Zbadaj, czy podane nierówności są równoważne:

$\log_{0,5}(x+1) > 2 + \log_{0,5}(4-x^2)$,

$\log_{0,5}(x+1)(4-x^2)^{-1} < 2$.

**Zadanie 237**

Rozwiąż równanie:

$\log_{(3-x)} 2(x^2+2x-1) = a$ , gdzie $a$ jest pierwiastkiem równania:

$7^{x-4} = (\sqrt{7})^{2-3x}$.

**Zadanie 238**

Rozwiąż nierówność:

$\log_{2x}(2-3x) < 0$ .

**Zadanie 239**

Rozwiąż nierówność:

$\log_x(x-1) \geq 0$.

**Zadanie 240**

Rozwiąż nierówność:

$4\log_{\frac{1}{3}} x - 3 \leq \log_{\frac{1}{3}}^2 x$.

**Zadanie 241**

Zbadaj istnienie pierwiastków równania:

$x^2 - 4x - \log_2 a = 0$

w zależności od parametru $a$.

**Zadanie 242**

Dla jakich wartości parametru $k$ równanie:

$$\frac{\log(-x) + \log k}{\log(3-x)} = 2$$

ma dokładnie jeden pierwiastek? Oblicz ten pierwiastek.

**Zadanie 243**

Czy istnieje rozwiązanie równania:

$$\frac{\log(x^2-1)}{\log(x-1)} = 2.$$

NOTATKI

.............................................................................................

.............................................................................................

.............................................................................................

.............................................................................................

.............................................................................................

.............................................................................................

.............................................................................................

# *11.12 GEOMETRIA ANALITYCZNA*

W poprzednich częściach tego poradnika omawialiśmy różnego rodzaju krzywe: okrąg, hiperbolę, parabolę. Czas na uzupełnienie i poszerzenie wiadomości w tym zakresie.

## *11.12.1 ELIPSA*

### *11.12.1.1 KANONICZNE RÓWNANIE ELIPSY*

**Elipsa jest to miejsce geometryczne punktu P(x , y), którego suma odległości od dwóch stałych punktów $F_1$ i $F_2$, zwanych ogniskami, jest stała. Oznaczamy tę stałą przez $2a$, odległość ognisk przez $2c$, a odległości ruchomego punktu elipsy P od ognisk $F_1$ i $F_2$ przez $r_1$ i $r_2$. Liczbę $2c$ nazywamy ogniskową elipsy, a $r_1$ i $r_2$ promieniami wodzącymi ruchomego punktu P.**
**Z określenia elipsy mamy równanie: $r_1 + r_2 = 2a$.**

**Równanie to, po kilku przekształceniach, doprowadza nas do równania:**
$\frac{x^2}{a^2} + \frac{y^2}{b^2} = 1$,
**zwanego równaniem kanonicznym elipsy, gdzie:**
$a$ **- półoś duża elipsy**
$b$ **- półoś mała elipsy**

### *11.12.1.2 WYKRES*

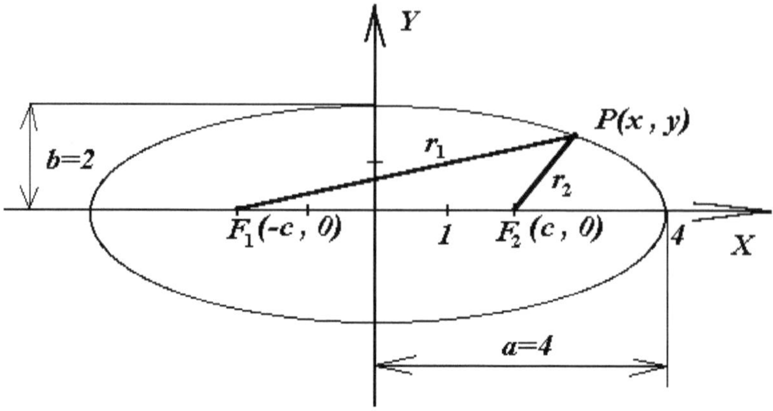


## *11.12.2 HIPERBOLA*

### *11.12.2.1 KANONICZNE RÓWNANIE HIPERBOLI*

**Elipsa jest to miejsce geometryczne punktu P(x , y), dla którego wartość bezwzględna różnicy odległości od dwóch stałych punktów $F_1$ i $F_2$, zwanych ogniskami, jest stała. Oznaczamy tę stałą przez $2a$, odległość ognisk przez $2c$, a odległości ruchomego punktu hiperboli P od ognisk $F_1$ i $F_2$ przez $r_1$ i $r_2$. Liczbę $2c$ nazywamy ogniskową hiperboli, a $r_1$ i $r_2$ promieniami wodzącymi ruchomego punktu P.**

**Z określenia hiperboli mamy równanie: $|r_1 - r_2| = 2a$.**

**Równanie to, po kilku przekształceniach, doprowadza nas do równania:**

$$\frac{x^2}{a^2} - \frac{y^2}{b^2} = 1,$$

**zwanego równaniem kanonicznym hiperboli, gdzie:**

$a$**- półoś rzeczywista hiperboli**

$b$ **- półoś urojona hiperboli**

### *11.12.2.2 WYKRES*

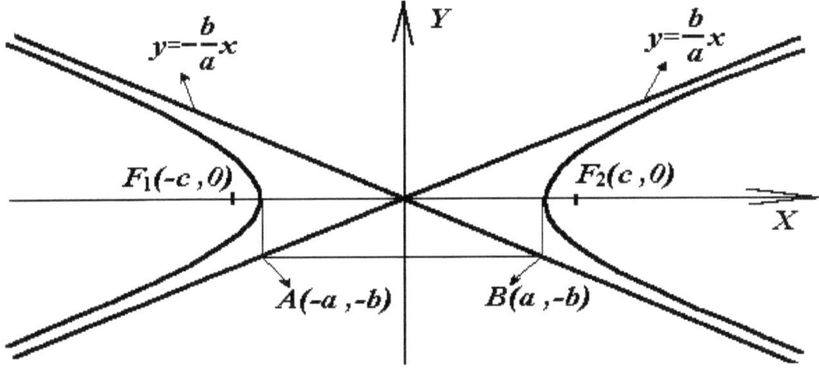


W tym momencie przypomnijmy, że w części drugiej tego poradnika zarówno wykres, jak i równanie hiperboli, wyglądały trochę inaczej, ale również były poprawne – powstały przez obrót układu współrzędnych o kąt równy 45°.

## *11.12.3 PARABOLA*

### *11.12.3.1 KANONICZNE RÓWNANIE PARABOLI*

O paraboli mówiliśmy już wcześniej, przy okazji omawiania funkcji kwadratowej.

**Parabola jest to miejsce geometryczne punktu P(x,y) równo odległego od danego punktu, zwanego ogniskiem paraboli, i od danej prostej, zwanej kierownicą paraboli.**

Niech kierownicą będzie prosta k, a ogniskiem punkt F (patrz rysunek poniżej). Odległość ogniska F od kierownicy k oznaczymy przez p; liczbę p nazywamy parametrem paraboli. Oś x obierzemy tak, aby przechodziła przez ognisko F i była prostopadła do kierownicy k. Początek współrzędnych O obierzemy w równej odległości od ogniska i kierownicy. Oś y jest równoległa do kierownicy. Wreszcie nadajmy osi x kierunek zgodny z kierunkiem wektora $\overline{OF}$. W tym układzie współrzędnych ognisko ma współrzędne F (p/2, 0), a kierownica k równanie $x=-\frac{p}{2}$.

Weźmy pod uwagę punkt P(x , y) i oznaczmy przez r jego odległość od ogniska F, a przez d jego odległość od kierownicy k. Opierając się na rysunku poniżej otrzymujemy:

$$d = x + \frac{p}{2} \qquad oraz \qquad r = \sqrt{\left(x - \frac{p}{2}\right)^2 + y^2}$$

Punkt P(x , y) wtedy i tylko wtedy leży na paraboli, gdy r=d, tzn. gdy:

$$x + \frac{p}{2} = \sqrt{\left(x - \frac{p}{2}\right)^2 + y^2}$$

Podnosząc obustronnie do kwadratu otrzymujemy:

$$x^2 + px + \frac{p^2}{4} = x^2 - px + \frac{p^2}{4} + y^2$$

Czyli ostatecznie: $y^2 = 2px$.

Równanie to nazywamy równaniem kanonicznym paraboli.

### *11.12.3.2 WYKRES*

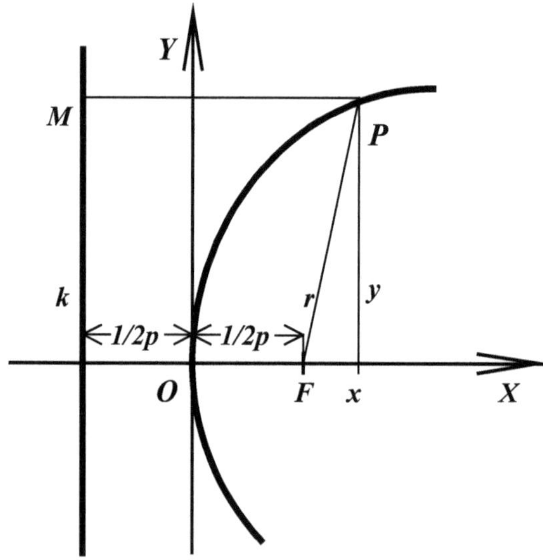

# *11.13 POCHODNA FUNKCJI*

## *11.13.1 ILORAZ RÓŻNICOWY*

### *11.13.1.1 STWIERDZENIE*

Popatrzmy na rysunek:

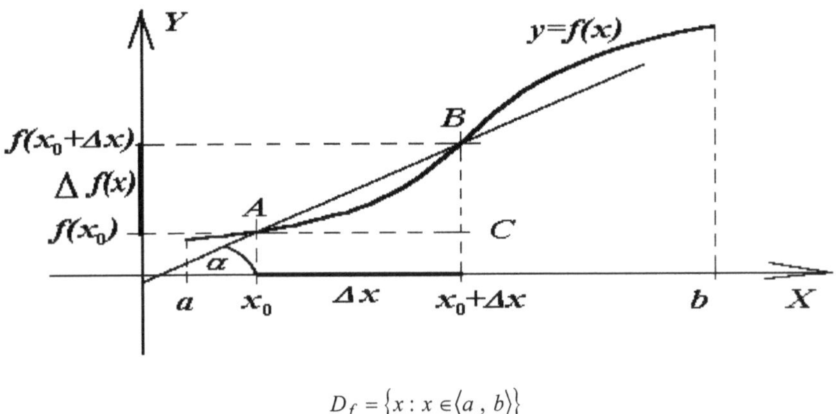


$$D_f = \{x : x \in \langle a\ ,\ b\rangle\}$$

Niech prosta przechodząca przez punkty A i B posiada współczynnik kierunkowy m.
Wiemy już, że współczynnik kierunkowy prostej jest równy tangensowi kąta nachylenia tejże prostej względem osi X. Zatem możemy wyprowadzić następujące zależności:

$$m = tg\alpha = \frac{BC}{AC} = \frac{f(x_0 + \Delta x) - f(x_0)}{\Delta x} = \frac{\Delta\ f(x)}{\Delta x}$$

**Wyrażenie $\frac{\Delta\ f(x)}{\Delta x}$ nazywamy ilorazem różnicowym funkcji.**

### *11.13.1.2 PRZYKŁADY*

1. Obliczmy iloraz różnicowy funkcji posiadając następujące dane:

$$f(x) = 2x - 3 \qquad x_0 = -1 \qquad \Delta x = 3$$

$$f(x_0 + \Delta x) = 2 \cdot (-1 + 3) - 3 = 1$$

$$f(x_0) = 2 \cdot (-1) - 3 = -5$$

$$\frac{f(x_0 + \Delta x) - f(x_0)}{\Delta x} = \frac{1 - (-5)}{3} = 2$$

2. Obliczmy iloraz różnicowy funkcji posiadając następujące dane:

$$f(x) = 2x^2 + 1 \qquad x_0 = 2 \qquad \Delta x = -2$$

$$f(x_0 + \Delta x) = -2 \cdot (2 - 2)^2 + 1 = 1$$

$$f(x_0) = -2 \cdot 2^2 + 1 = -7$$

$$\frac{f(x_0 + \Delta x) - f(x_0)}{\Delta x} = \frac{1 + 7}{-2} = -4$$

## *11.13.2 POCHODNA FUNKCJI W PUNKCIE*

### *11.13.2.1 DEFINICJA*

**Jeżeli istnieje granica ilorazu różnicowego funkcji f(x) przy Δx→0 i jest ona skończona, to nazywamy ją pochodną tej funkcji w punkcie $x_0$. Zapisujemy to matematycznie[16]:**

$$m = \lim_{\Delta x \to 0} \frac{\Delta f(x)}{\Delta x} = f'(x_0)$$

[16] Do symbolicznego zapisu pochodnej funkcji *f* używa się notacji pochodzącej od Josepha Louisa Lagrange'a – wykorzystuje się w niej symbole prim «′», bis «″» i ter «‴» w indeksie górnym po oznaczeniu funkcji.

### *11.13.2.2 INTERPRETACJA GEOMETRYCZNA*

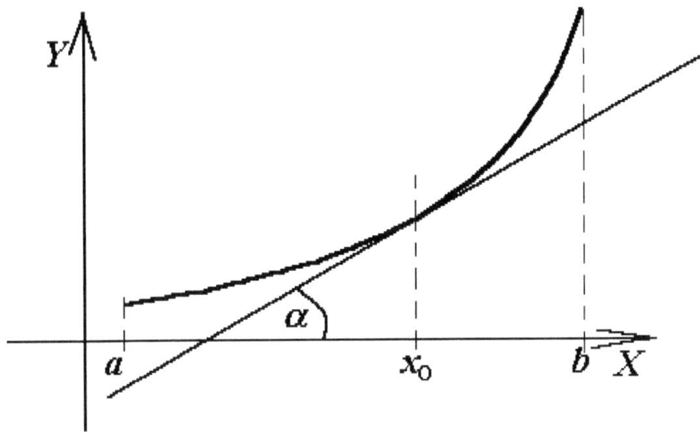


Jak widzimy na rysunku, pochodna funkcji w punkcie $x_0$ jest wartością współczynnika kierunkowego stycznej do krzywej (zapisanej wzorem funkcji) w tym właśnie punkcie (jest bowiem wartością tangensa kąta nachylenia tej stycznej do osi odciętych).

### *11.13.2.3 RÓŻNICZKOWALNOŚĆ FUNKCJI*

Funkcja f(x) jest różniczkowalna[17] w zbiorze $D \subset R$, jeżeli dla każdego $x \in D$ posiada ona pochodną.

### *11.13.2.4 POCHODNE JEDNOSTRONNE*

Aby lepiej zrozumieć zagadnienie, popatrzmy na rysunek:

[17] Różniczka – tradycyjna nazwa nieskończenie małej zmiany danej zmiennej. Symbolicznie, jeśli zmienna oznaczona jest np. literą x, to jej nieskończenie małą zmianę zapiszemy *dx*. Zagadnienie różniczki omówimy szczegółowo w dalszej części pracy.

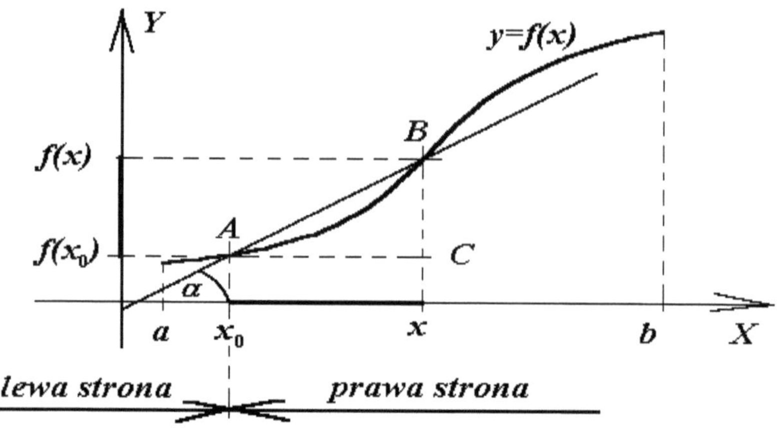


Matematyczny zapis pochodnej możemy przedstawić w następujący sposób:

$$f'(x_0) = \lim_{x \to x_0} \frac{f(x) - f(x_0)}{x - x_0}$$

Zapis ten jest równoważny zapisowi poprzedniemu. Teraz jednak widzimy, że jeżeli $x$ dąży do $x_0$ z prawej strony, to mówimy o pochodnej prawostronnej, jeżeli natomiast $x$ dąży do $x_0$ ze strony lewej, to mówimy o pochodnej lewostronnej. Podobnie, jak to było w przypadku granicy jednostronnej. Dla pełnej jasności możemy powiedzieć, że w przypadku zapisu pochodnej poprzednim sposobem z pochodną prawostronną będziemy mieli do czynienia wówczas, kiedy Δx jest dodatnie, natomiast z pochodną lewostronną – gdy Δx jest ujemne. W obu przypadkach matematycznie pochodne jednostronne zapisujemy w następujący sposób:

$$f'_+(x_0) = \lim_{\Delta x \to 0^+} \frac{f(x_0 + \Delta x) - f(x_0)}{\Delta x} \qquad f'_+(x_0) = \lim_{x \to x_0^+} \frac{f(x) - f(x_0)}{x - x_0}$$

$$f'_-(x_0) = \lim_{\Delta x \to 0^-} \frac{f(x_0 + \Delta x) - f(x_0)}{\Delta x} \qquad f'_-(x_0) = \lim_{x \to x_0^-} \frac{f(x) - f(x_0)}{x - x_0}$$

### *11.13.2.5 STWIERDZENIE*

Funkcja *f(x)* posiada pochodną w punkcie $x_0$ wtedy i tylko wtedy, gdy istnieją w tym punkcie pochodne jednostronne i są one sobie równe.[18]

### *11.13.2.6 POCHODNE WYŻSZYCH RZĘDÓW*

Jeżeli funkcja *f(x)* posiada pochodną *f '(x)*, to ta pochodna jest pewną nową funkcją, która może także posiadać pochodną. Pochodną pochodnej oznaczamy *f ''(x)* i nazywamy ją drugą pochodną funkcji *f(x)* lub pochodną drugiego rzędu funkcji *f(x)*. Mamy więc: $f''(x) = (f'(x))'$.

Pochodną drugiej pochodnej oznaczamy *f '''(x)* i nazywamy trzecią pochodną funkcji *f(x)* lub pochodną trzeciego rzędu funkcji *f(x)*. Mamy więc: $f'''(x) = (f''(x))'$.

Podobnie n-tą pochodną funkcji *f(x)* lub pochodną rzędu n oznaczamy $f^{(n)}(x)$ i określamy jako pochodną n-1 pochodnej:

$$f^{(n)}(x) = \left[f^{(n-1)}(x)\right]'$$

### *11.13.2.7 PRZYDATNE WZORY*

Ponieważ wiemy już, jak liczyć pochodną funkcji, ale jesteśmy leniwi, więc nie będziemy jej liczyć z definicji, lecz na podstawie wzorów, które oczywiście są wyprowadzane na jej podstawie. Oto one:

[18] Ciekawostka: Uogólniając można powiedzieć, że pochodne opisują tempa zmian. Znajomość pochodnych ma kluczowe znaczenie, gdy chcemy opisać tempa zmian wielkości występujących w realnych sytuacjach. I tak pochodne wykorzystuje się np. w fizyce do obliczenia prędkości chwilowej, chwilowego natężenia prądu czy gęstości masy.

$$(c)' = 0 \quad \text{gdzie c jest stałą}$$

$$(c \cdot f(x))' = c \cdot f'(x) \qquad (\ln x)' = \frac{1}{x}$$

$$(x)' = 1 \qquad (\log_a x)' = \frac{1}{x \cdot \ln a}$$

$$(x^n)' = n \cdot x^{n-1} \qquad (e^x)' = e^x$$

$$\left(\frac{1}{x}\right)' = -\frac{1}{x^2} \qquad (a^x)' = a^x \cdot \ln a$$

$$(\sqrt{x})' = \frac{1}{2\sqrt{x}} \qquad (\sin(x))' = \cos(x)$$

$$(\cos(x))' = -\sin(x) \qquad (tg(x))' = \frac{1}{\cos^2(x)}$$

$$(ctg(x))' = -\frac{1}{\sin^2(x)} \qquad \left(\frac{1}{f(x)}\right)' = -\frac{f'(x)}{[f(x)]^2}$$

Wykażmy dla dwóch wybranych wzorów, że są one rzeczywiście wyprowadzane na podstawie definicji.

Tak więc zobaczmy, dlaczego pochodna funkcji $f(x) = x^n$ jest równa $f'(x) = n \cdot x^{n-1}$.

$$\lim_{\Delta x \to 0} \frac{(x_0 + \Delta x)^n - x_0^{\ n}}{\Delta x} = \lim_{\Delta x \to 0} \frac{\binom{n}{0} \cdot x_0^{\ n} + \binom{n}{1} \cdot x_0^{\ n-1} \cdot \Delta x + \ldots + \binom{n}{n-1} \cdot x_0 \cdot \Delta x^{n-1} + \binom{n}{n} \cdot \Delta x^n - x_0^{\ n}}{\Delta x} =$$

$$\lim_{\Delta x \to 0} = \frac{x_0^{\ n} + \Delta x\left(n x_0^{\ n-1} + \ldots + n x_0 \Delta x^{n-2} + \Delta x^{n-1}\right) - x_0^{\ n}}{\Delta x} = \lim_{\Delta x \to 0}\left(n x_0^{\ n-1} + \ldots + n x_0 \Delta x^{n-2} + \Delta x^{n-1}\right) = n x_0^{\ n-1}$$

Zobaczmy również, dlaczego pochodna funkcji $f(x) = \sin x$ jest równa $f'(x) = \cos x$.

$$\lim_{\Delta x \to 0} \frac{\sin(x_0 + \Delta x) - \sin(x_0)}{\Delta x} = \lim_{\Delta x \to 0} \frac{\sin(x_0)\cos(\Delta x) + \sin(\Delta x)\cos(x_0) - \sin(x_0)}{\Delta x} =$$

$$\lim_{\Delta x \to 0} \frac{\sin(x_0)(\cos(\Delta x) - 1) + \sin(\Delta x)\cos(x_0)}{\Delta x} = \lim_{\Delta x \to 0} \cos(x_0)\frac{\sin(\Delta x)}{\Delta x} = \cos(x_0)$$

Zobaczmy, jak szybko obliczamy pochodną ze wzorów:

$$f(x) = 3x^2 \Leftrightarrow f'(x) = 6x \qquad f(x) = 3x^{-2} \Leftrightarrow f'(x) = -6x^{-3}$$

$$f(x) = 4\sqrt{x} \Leftrightarrow f'(x) = \frac{2}{\sqrt{x}} \qquad f(x) = \frac{4}{x} \Leftrightarrow f'(x) = -\frac{4}{x^2}$$

### *11.13.3 POCHODNA SUMY I RÓŻNICY*

Dotychczas liczyliśmy pochodne funkcji bardzo prostych, poznajmy teraz zasady liczenia pochodnych z wyrażeń bardziej rozbudowanych, np. $f(x) = 3x^3 + \sqrt{x} - \frac{2}{x}$.

#### *11.13.3.1 STWIERDZENIE*

**Pochodną sumy lub różnicy dwóch funkcji jest suma lub różnica pochodnych tych funkcji.**

Jeśli $F(x) = f(x) \pm g(x)$ to $F'(x) = f'(x) \pm g'(x)$.

Przykładem niech będzie powyższa funkcja, a mianowicie $f(x) = 3x^3 + \sqrt{x} - \frac{2}{x}$.

Pochodna tej funkcji wygląda następująco: $f'(x) = 9x^2 + \frac{1}{2\sqrt{x}} + \frac{2}{x^2}$.

### *11.13.4 POCHODNA ILOCZYNU*

Spróbujmy policzyć pochodną następującej funkcji: $f(x) = \sin(x)\cos(x) + 3x^2\sqrt{x}$

#### *11.13.4.1 STWIERDZENIE*

**Pochodną iloczynu dwóch funkcji jest suma iloczynu pochodnej pierwszej funkcji z drugą oraz iloczynu funkcji pierwszej i pochodnej drugiej:**

Jeśli $F(x) = f(x) \cdot g(x)$ to $F'(x) = f'(x) \cdot g(x) + f(x) \cdot g'(x)$

Niech przykładem będzie funkcja $f(x)=\sin(x)\cos(x)+3x^2\sqrt{x}$.
Korzystając również ze stwierdzenia o pochodnej sumy lub różnicy funkcji otrzymujemy:

$$f©(x)=\cos(x)\cos(x)+\sin(x)(-\sin(x))+6x\sqrt{x}+3x^2\cdot\frac{1}{2\sqrt{x}}=\cos^2(x)-\sin^2(x)+\frac{12x^2+3x^2}{2\sqrt{x}}=$$

$$=\cos(2x)+\frac{15x^2}{2\sqrt{x}}$$

## *11.13.5 POCHODNA ILORAZU*

Tym razem spróbujmy obliczyć pochodną funkcji wyglądającej następująco:

$$f(x)=\frac{\sin(x)}{\sqrt{x}}$$

### *11.13.5.1 STWIERDZENIE*

Dla uproszczenia i lepszego zrozumienia stwierdzenia przyjmijmy, że pierwsza funkcja to licznik, a druga to mianownik.

**Pochodną ilorazu tych dwóch funkcji jest iloraz różnicy pochodnej licznika razy mianownik i licznika razy pochodna mianownik, przez kwadrat mianownika.**

Jeśli $F(x)=\frac{f(x)}{g(x)}$ oraz $g(x)\neq 0$, to $F'(x)=\frac{f'(x)\cdot g(x)-f(x)\cdot g'(x)}{g^2(x)}$.

Rozwiążmy przykładową funkcję postaci: $f(x)=\frac{\sin(x)}{\sqrt{x}}$.

Korzystając ze stwierdzenia podanego powyżej otrzymujemy:

$$f'(x)=\frac{\cos(x)\cdot\sqrt{x}-\sin(x)\cdot\frac{1}{2\sqrt{x}}}{x}=\frac{2x\cos(x)-\sin(x)}{2x\sqrt{x}}=\frac{\cos(x)}{\sqrt{x}}-\frac{\sin(x)}{2x\sqrt{x}}.$$

## *11.13.6 POCHODNA FUNKCJI ZŁOŻONEJ*

A teraz obliczmy pochodną funkcji: $f(x)=\sin^3(x)$

### *11.13.6.1 TWIERDZENIE*

**Niech u=g(x) oraz y=f(u). Jeżeli istnieje pochodna funkcji g(x) w punkcie $x_0$ oraz pochodna funkcji f(u) w punkcie $u_0=g(x_0)$, wtedy istnieje pochodna funkcji złożonej w punkcie $x_0$ i wynosi ona:**

$$y' = f'(u_0) \cdot g'(x_0).$$

**Funkcja $f$ jest funkcją zewnętrzną, natomiast funkcja $g$ – funkcją wewnętrzną.**

Jak rozróżnić funkcję wewnętrzną od funkcji zewnętrznej, pokażemy na przykładzie:

$F(x) = g\underbrace{(f(x))}_{\text{funkcja wewnetrzna}}$ jak widzimy funkcja złożona jest to funkcja innej funkcji. Aby obliczyć wartość wyrażenia $f(x) = (3x^2 + 5x - 1)^7$ w punkcie x=2, musimy obliczyć wartość wyrażenia w nawiasie podstawiając x=2, a następnie podnieść wynik do potęgi siódmej. Gdybyśmy chcieli obliczyć pochodną takiej funkcji, to wyrażenie w nawiasie byłoby dla nas funkcją wewnętrzną, a potęgowanie – funkcją zewnętrzną. Pochodna wynosiłaby zatem: $f'(x) = 7 \cdot (3x^2 + 5x - 1)^6 \cdot (6x + 5)$.

### *11.13.6.2 PRZYKŁADY*

1.Oblicz pochodną funkcji : $f(x) = \sin^3(x)$

$f'(x) = 3 \cdot \sin^2(x) \cdot \cos(x)$

2.Oblicz pochodną funkcji : $f(x) = \sin(x^3)$

$f'(x) = \cos(x^3) \cdot 3x^2$

Oczywiście funkcja złożona może się składać z kilku funkcji złożonych. Wtedy nazywamy ją funkcją wielokrotnie złożoną, a jej pochodną liczymy stosując wielokrotnie twierdzenie o funkcji złożonej, czyli następująco:

$$f(x) = \sqrt{2 + 3 \cdot \sin^2\left(\frac{1}{x}\right)}$$

$$f'(x) = \frac{1}{2\sqrt{2 + 3 \cdot \sin^2\left(\frac{1}{x}\right)}} \cdot 6 \cdot \sin\left(\frac{1}{x}\right) \cdot \cos\left(\frac{1}{x}\right) \cdot \left(-\frac{1}{x^2}\right)$$

Zaczynając obliczenia funkcją zewnętrzną jest dla nas pierwiastek, a funkcją wewnętrzną to, co jest pod pierwiastkiem. Jednakże licząc pochodną funkcji wewnętrznej zauważamy, że składa się ona także z funkcji złożonej i tym razem funkcją zewnętrzną jest kwadrat sinusa, a funkcją wewnętrzną – sinus. Licząc pochodną sinusa dochodzimy ponownie do wniosku, że jest on funkcją złożoną, której funkcja zewnętrzna to sam sinus, a funkcja wewnętrzna to funkcja postaci

$$f(x)=\frac{1}{x}$$

Takim sposobem otrzymujemy zapisany wcześniej wynik.

## *11.13.7 POCHODNA LOGARYTMICZNA*

Możemy zauważyć, że istnieje prosty związek między pochodną funkcji i pochodną jej logarytmu naturalnego. Rozpatrzmy funkcję y=f(x). Na podstawie twierdzenia o pochodnej funkcji złożonej otrzymujemy wzór:

$(\ln y)'=\frac{1}{y}\cdot y'=\frac{y'}{y}$ Wyrażenie $\frac{y'}{y}$ nazywamy pochodną logarytmiczną funkcji y.

Z ostatniego związku otrzymujemy: $y'=y\cdot(\ln y)'$

Warto to wiedzieć, ponieważ czasami łatwiej jest obliczyć pochodną logarytmu funkcji, niż pochodną samej funkcji, wtedy właśnie stosujemy ostatni wzór.

**Przykład:**

Obliczymy pochodną funkcji $y=a^x$

Po obustronnym zlogarytmowaniu otrzymujemy:

$\ln y=\ln a^x \Leftrightarrow \ln y=x\cdot\ln a$

$(\ln y)'=\ln a$

Skoro jednak wiadomo, że:

$y'=y\cdot(\ln y)' \Leftrightarrow y'=y\cdot\ln a \Leftrightarrow y'=a^x\ln a$

$czyli: (a^x)'=a^x\ln a$

## *11.13.8 POWTÓRZENIE*

- Zbadajmy czy funkcja $f(x)=\begin{cases}-2x+1 \text{ dla } x<1\\ x^2-2x \text{ dla } x\geq 1\end{cases}$ jest różniczkowalna

w punkcie $x_0=1$.

$f'(x)=\begin{cases}-2 \text{ dla } x<1\\ 2x-2 \text{ dla } x\geq 1\end{cases}$ czyli pochodne jednostronne w punkcie $x_0=1$ wynoszą

odpowiednio: $f_-'(x)=-2\wedge f_+'(x)=0$, a ponieważ są one różne, więc badana funkcja nie jest różniczkowalna w punkcie $x_0=1$.

- Obliczmy pochodną funkcji $f(x)=\sqrt{2+3\sin^2\left(\frac{4x^2+\sqrt{x}}{x}\right)}$

$$f'(x)=\frac{1}{2\sqrt{2+3\sin^2\left(\frac{4x^2+\sqrt{x}}{x}\right)}}\cdot 6\sin\left(\frac{4x^2+\sqrt{x}}{x}\right)\cdot\cos\left(\frac{4x^2+\sqrt{x}}{x}\right)\cdot\frac{\left[\left(8x+\frac{1}{2\sqrt{x}}\right)\cdot x-\left(4x^2+\sqrt{x}\right)\right]}{x^2}.$$

## *11.13.9 ZADANIA DO SAMODZIELNEGO ROZWIĄZANIA*

**Zadanie 244**

Na podstawie definicji pochodnej wyznacz pochodne następujących funkcji w dowolnym punkcie $x_0$:

a. $f(x) = 2x^2 + 1,\ x \in R$,

b. $f(x) = \frac{1}{x},\ x \neq 0$,

c. $f(x) = \sqrt{x},\ x > 0$.

**Zadanie 245**

Oblicz pochodną funkcji określonej wzorem: $f(x) = x^2 \cos 7x - x^3$.

**Zadanie 246**

Korzystając z reguł obliczania pochodnych, wyznacz pochodne następujących funkcji:

a. $f(x) = \frac{x+1}{x-2}$, b. $f(x) = \frac{3}{\cos 2x}$,

c. $f(x) = x\ln(1 + x^2)$, d. $f(x) = 2x^2 \sin^2 x$,

e. $f(x) = x e^{\sin x}$, f. $f(x) = \sqrt{\frac{1}{x}+x}$,

g. $f(x) = \sqrt{7x+2} + (\sqrt[4]{8x+4})^3$.

**Zadanie 247**

Oblicz pochodne do rzędu trzeciego włącznie dla podanych funkcji:

a. $f(x) = 4x^7 - 5x^3 + 2x$,

b. $g(x) = x^3 \ln(x)$,

c. $h(x) = \sin^3 x$.

**Zadanie 248**

Rozwiąż równanie: $f'(x) = 0$, jeśli $f(x) = \sin^3 2x$.

**Zadanie 249**

Rozwiąż nierówność: $f'(x) \geq 0$, jeśli $f(x) = \sin 3x + 3x$.

**Zadanie 250**

Sprawdź, czy funkcja: $y = x e^{-x}$ spełnia równanie: $y'' + 2y' + y = 0$.

**Zadanie 251**

Oblicz $f'(\pi/4)$, jeżeli: $f(x) = \sqrt[3]{\cos^2 x}$.

**Zadanie 252**

Mając dane funkcje: $f(x) = 2x + 1$ i $g(x) = x^2$, zbuduj złożenie $f \circ g$ oraz $g \circ f$. Oblicz pochodne obydwu złożonych funkcji.

NOTATKI

.......................................................................................................

.......................................................................................................

.......................................................................................................

.......................................................................................................

.......................................................................................................

.......................................................................................................

### *11.13.10 RÓŻNICZKA FUNKCJI*

Aby zrozumieć, czym jest różniczka, popatrzmy na rysunek:

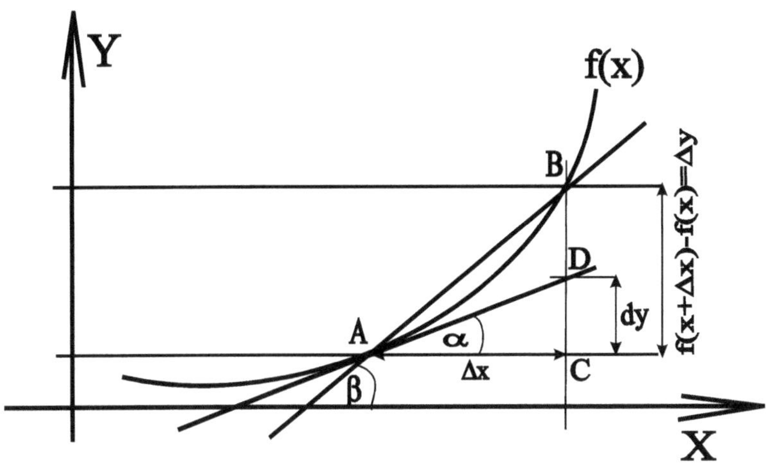


Przypomnijmy sobie definicję pochodnej funkcji:

$$f'(x) = \lim_{\Delta x \to 0} \frac{f(x+\Delta x) - f(x)}{\Delta x} \Leftrightarrow \lim_{\Delta x \to 0} [f(x+\Delta x) - f(x)] = f'(x) \cdot \lim_{\Delta x \to 0} \Delta x \Leftrightarrow$$

$$\Leftrightarrow \lim_{\Delta x \to 0} f(x+\Delta x) - f(x) = f'(x) \cdot \lim_{\Delta x \to 0} \Delta x$$

Wyrażenie po prawej stronie równości, czyli: $f'(x) \cdot \lim_{\Delta x \to 0} \Delta x$, nazywamy różniczką funkcji y=f(x) i oznaczamy dy (na rysunku odcinek CD). Jak widać ze wzoru i rysunku, daje nam ona przybliżenie przyrostu funkcji Δy, tym lepsze przybliżenie, im mniejszy jest przyrost Δx. Różniczkę funkcji zapisujemy zatem ostatecznie w następującej formie: $dy = f'(x) \cdot dx$.

Różniczka funkcji y=f(x) jest funkcją dwóch zmiennych: zmiennej niezależnej x i jej różniczki dx. Różniczkę dx uważamy za niezależną od x, ponieważ możemy badać przyrost wartości funkcji w różnych punktach dziedziny funkcji w zależności od różnych przyrostów argumentu dx (im mniejszy przyrost, tym lepiej oczywiście). Zatem przy różniczkowaniu względem x, różniczkę dx możemy traktować jako stałą. Różniczka dy jako funkcja zmiennej x może posiadać także różniczkę. Różniczkę różniczki nazywamy drugą różniczką lub różniczką rzędu drugiego funkcji y=f(x) i oznaczamy $d^2y$. Mamy więc:

$d^2y = d(dy) = (dy)'dx = [f'(x)dx]'dx = [f'(x)]'dx \cdot dx$

Oznaczając: $dx \cdot dx = dx^2$ otrzymujemy ostatecznie $d^2y = f''(x)dx^2$.

Postępując w podobny sposób możemy obliczyć różniczkę rzędu trzeciego, czwartego itd.

Ogólnie n-tą różniczkę możemy zapisać w postaci: $d^n y = f^{(n)}(x)dx^n$

Różniczki możemy wykorzystywać na przykład do przybliżonego obliczania wartości funkcji.

Wiemy już, że :

$\Delta y \approx dy \Leftrightarrow f(x+\Delta x) - f(x) \approx dy \Leftrightarrow f(x+\Delta x) \approx f(x) + dy = f(x) + f'(x)dx$

**Przykład:**

Obliczyć $\sqrt[5]{1,1}$

Niech $f(x) = \sqrt[5]{x}$ zatem $f'(x) = \dfrac{1}{5\sqrt[5]{x^4}}$ oraz $x = 1 \wedge dx = 0,1$

Otrzymujemy po podstawieniu do wzoru: $\sqrt[5]{1,1} \approx \sqrt[5]{1} + \dfrac{1}{5\sqrt[5]{1^4}} \cdot 0,1 = 1 + \dfrac{0,1}{5} = 1,02$.

### *11.13.11 TWIERDZENIE DE L'HOSPITALA (CZYT. DELOPITALA)*

Twierdzenie to pozwala na obliczenie granicy dowolnej funkcji w przypadku, gdy nie możemy jej obliczyć bezpośrednio.

**Jeżeli każda z funkcji ciągłych f(x) i g(x) posiada pochodną w otoczeniu punktu x=$a$, z wyjątkiem być może samego punktu $a$, przy czym w otoczeniu tym g(x)≠0 i g'(x)≠0, oraz gdy ponadto spełnione są warunki:**

$\lim\limits_{x \to a} f(x) = f(a) = 0 \wedge \lim\limits_{x \to a} g(x) = g(a) = 0$

**albo**

$\lim\limits_{x \to a} f(x) = \pm\infty \wedge \lim\limits_{x \to a} g(x) = \pm\infty$

**to jeżeli istnieje** $\lim\limits_{x \to a} \dfrac{f'(x)}{g'(x)}$**, to istnieje również** $\lim\limits_{x \to a} \dfrac{f(x)}{g(x)}$ **i** $\lim\limits_{x \to a} \dfrac{f'(x)}{g'(x)} = \lim\limits_{x \to a} \dfrac{f(x)}{g(x)}$.

**Przykłady zastosowań:**

Obliczmy pochodne:

$$\lim_{x\to 0}\frac{\sqrt{x+1}-1}{x}=\lim_{x\to 0}\frac{\frac{1}{2\sqrt{x+1}}}{1}=\frac{1}{2}$$

Pamiętajmy, że liczymy pochodną licznika i pochodną mianownika (osobno), a nie korzystamy z wzoru na pochodną ilorazu!

$$\lim_{x\to 3}\frac{x^3-27}{x-3}=\lim_{x\to 3}\frac{3x^2}{1}=27$$

$$\lim_{x\to 0}\frac{\sin(x)}{x}=\lim_{x\to 0}\frac{\cos(x)}{1}=1$$

**Pamiętajmy zawsze, że stosować twierdzenie de l'Hospitala można jedynie wtedy, gdy pod granicą mamy tzw. symbol nieoznaczony:** $\left(\frac{0}{0}\ LUB\ \frac{\infty}{\infty}\right)$!

## *11.14 BADANIE FUNKCJI*

Aby narysować wykres dowolnej, zadanej funkcji, musimy mieć o niej wiele informacji.

### *11.14.1 MONOTONICZNOŚĆ I EKSTREMA FUNKCJI*

#### *11.14.1.1 WARUNEK KONIECZNY MONOTONICZNOŚCI*

Pamiętamy zapewne, jakie warunki muszą być spełnione, aby uznać funkcję za rosnącą lub malejącą. Znając pojęcie granicy funkcji, możemy sobie ułatwić zadanie. Dla funkcji rosnącej mamy: $\frac{\Delta y}{\Delta x}>0$, więc przechodząc do granicy możemy napisać: $\lim_{\Delta x\to 0}\frac{\Delta y}{\Delta x}\geq 0$, tzn. $f'(x)\geq 0$.

Otrzymaliśmy zatem twierdzenie:

- **Funkcja różniczkowalna i rosnąca (malejąca) posiada pochodną nieujemną (niedodatnią).**

* **Funkcja różniczkowalna i ściśle rosnąca (ściśle malejąca) posiada pochodną dodatnią (ujemną).**

Różnica pomiędzy funkcją rosnącą (malejącą) a ściśle rosnącą (ściśle malejącą) polega na tym, że funkcja ściśle rosnąca (ściśle malejąca) musi cały czas rosnąć (maleć), natomiast funkcja rosnąca (malejąca) może czasami rosnąć (maleć), a czasami być funkcją stałą.

**Przykład:**

Zbadać monotoniczność funkcji danej wzorem: $y=-\frac{x^4}{2}+x^2+1 \qquad D_f=R$

$y'=-\frac{4x^3}{2}+2x=-2x^3+2x \qquad D_{f'}=R$

$g(x)=-2x^3+2x=-x(2x^2-2)=-2x(x^2-1)=-2x(x+1)(x-1)$
$g(x)=0 \Leftrightarrow x=0 \vee x=-1 \vee x=1$

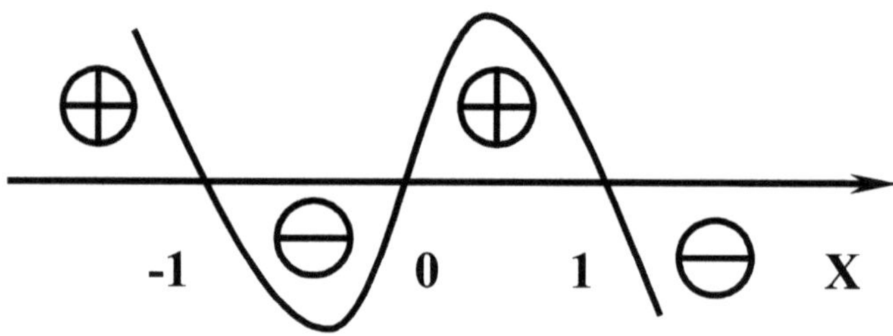


$f'(x)>0 \Leftrightarrow x\in(-\infty,-1)\cup(0,1) \Rightarrow$ funkcja w każdym z tych przedziałów rośnie.
$f'(x)<0 \Leftrightarrow x\in(-1,0)\cup(1,\infty) \Rightarrow$ funkcja w każdym z tych przedziałów maleje.

### *11.14.1.2 WARUNEK KONIECZNY DLA EKSTREMUM*

Zacznijmy od podstaw. Najpierw uświadomimy sobie, że każda funkcja monotoniczna w przedziale domkniętym $\langle a,b\rangle$ ma w nim wartość największą i najmniejszą.

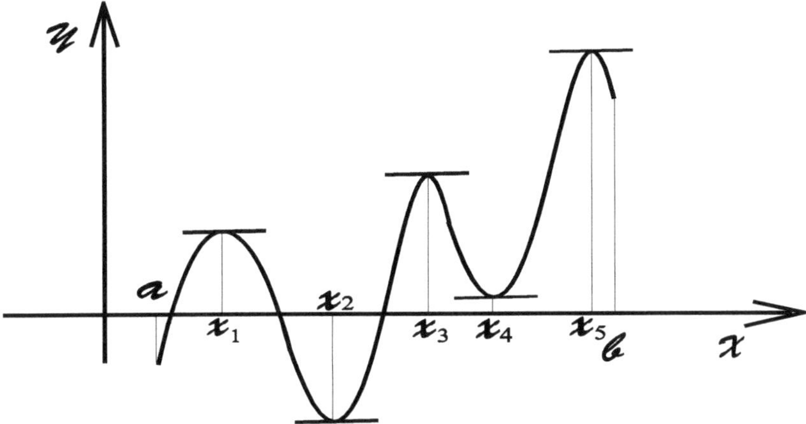


Jak widzimy funkcja przedstawiona na rysunku powyżej przyjmuje największą wartość w punkcie $x = x_5$, a najmniejszą w punkcie $x = x_2$. Jednak są punkty, w których funkcja przyjmuje wartości większe lub mniejsze, niż w punktach sąsiednich. Są to tzw. minima lub maksima lokalne, nazywane krótko ekstremami. Zatem pod nazwą ekstremum[19] funkcji kryje się jej minimum lub maksimum lokalne. Teraz dowiemy się, jak znaleźć takie ekstremum .

- **Jeżeli funkcja różniczkowalna y=f(x) posiada w punkcie** $x = x_0$ **ekstremum, to pochodna w tym punkcie jest równa zeru:** $f'(x_0) = 0$**.**

Jest to tylko warunek konieczny dla istnienia ekstremum, lecz nie jest on warunkiem wystarczającym, tzn. że funkcja może mieć w punkcie $x = x_0$ pochodną równą zeru, a mimo to nie posiadać w tym punkcie ekstremum. Jeżeli przy dodatniej pochodnej funkcja rośnie, a przy ujemnej maleje, a to już wiemy, to zapewne przy pochodnej równej zeru jest stała. A my szukamy warunku stwierdzającego fakt, że funkcja przestała rosnąć i zaczęła maleć lub też przestała maleć i zaczęła rosnąć. A oto poszukiwany warunek:

[19] Słowo ekstremum pochodzi od łacińskiego *extrēmus* – najdalszy, ostatni. Poszukiwanie ekstremów jest ważne w praktycznych zastosowaniach matematyki, na przykład w technice i statystyce. Wiele zagadnień optymalizacyjnych sprowadza się do poszukiwania ekstremów odpowiednich funkcji, jak na przykład funkcji kosztu, albo miary jakości dla różnych parametrów danego urządzenia.

### *11.14.1.3 PIERWSZY WARUNEK WYSTARCZAJĄCY DLA EKSTREMUM*

• **Funkcja ciągła w punkcie $x_0$ i posiadająca na lewo od punktu $x_0$ pochodną dodatnią, a na prawo ujemną, przyjmuje w tym punkcie maksimum lokalne.**

• **Funkcja ciągła w punkcie $x_0$ i posiadająca na lewo od punktu $x_0$ pochodną ujemną, a na prawo dodatnią, przyjmuje w tym punkcie minimum lokalne.**

Zatem warunkiem wystarczającym, aby funkcja posiadała w punkcie $x = x_0$ ekstremum lokalne, jest zmiana znaku pochodnej funkcji w tymże punkcie. W punkcie $x = x_0$ pochodna albo jest równa zeru albo nie istnieje.

### *11.14.1.4 DRUGI WARUNEK WYSTARCZAJĄCY DLA EKSTREMUM*

• **Jeżeli funkcja y=f(x) posiada w otoczeniu punktu $x_0$ drugą pochodną ciągłą i jeżeli $f'(x_0)=0$, to w punkcie $x_0$ funkcja przyjmuje maksimum, gdy $f''(x_0)<0$, a minimum, gdy $f''(x_0)>0$.**

Jeśli pierwsza pochodna zmienia swój znak, to funkcja macierzysta posiada swoje ekstremum. A zatem pochodna tejże pochodnej, czyli druga pochodna, musi być dodatnia lub ujemna. W przypadku, gdy jest dodatnia, pierwsza pochodna jest funkcją rosnącą, a więc w punkcie $x = x_0$ zmienia swój znak z ujemnego na dodatni, a to oznacza, że funkcja macierzysta przestaje maleć i zaczyna rosnąć (czyli posiada swoje minimum). Analogicznie, gdy druga pochodna jest ujemna, pierwsza pochodna jest funkcją malejącą, a zatem w punkcie $x = x_0$ zmienia swój znak z dodatniego na ujemny, a to oznacza, że funkcja macierzysta przestaje rosnąć i zaczyna maleć (czyli posiada swoje maksimum).

**Przykład:**

Wyznaczyć ekstrema funkcji określonej wzorem: $y=-\frac{x^4}{2}+x^2+1 \qquad D_f = R$

$$y'=-\frac{4x^3}{2}+2x=-2x^3+2x \qquad D_{f'}=R$$

$$g(x) = -2x^3 + 2x = -x(2x^2 - 2) = -2x(x^2 - 1) = -2x(x+1)(x-1)$$
$$g(x) = 0 \Leftrightarrow x = 0 \vee x = -1 \vee x = 1$$

Pierwszy sposób:

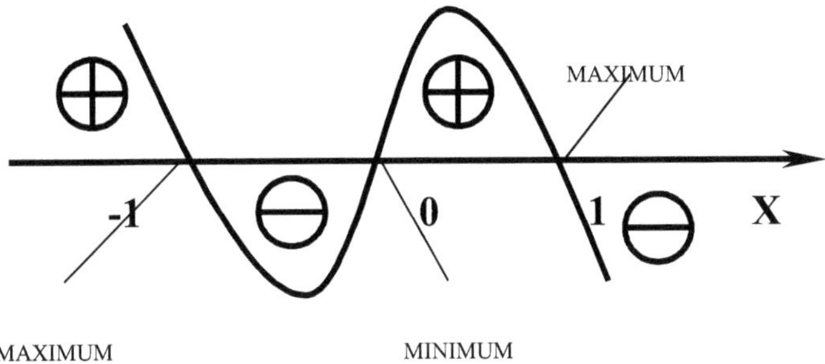


Drugi sposób:

$$y'' = g'(x) = -6x^2 + 2$$
$$x = -1 \Leftrightarrow g'(x) = -4 < 0 \rightarrow y = \max$$
$$x = 0 \Leftrightarrow g'(x) = 2 > 0 \rightarrow y = \min$$
$$x = 1 \Leftrightarrow g'(x) = -4 < 0 \rightarrow y = \max$$

## *11.14.2 WYPUKŁOŚĆ KRZYWEJ I JEJ PUNKTY PRZEGIĘCIA*

Jak dotychczas, wykresy funkcji zwykle wykonywaliśmy znajdując pewną liczbę punktów, a następnie łącząc je. Jest rzeczą oczywistą, że wykres funkcji przedstawionej w ten sposób nie mógł dostatecznie dokładnie przedstawić całego przebiegu tejże funkcji. Ważnymi bowiem własnościami funkcji, które powinny być uwidocznione na wykresie, są: monotoniczność, ekstrema lokalne, kierunek wypukłości, punkty, w których zachodzi zmiana kierunku wypukłości (tzw. punkty przegięcia) oraz zachowanie się funkcji, gdy argument zdąża do nieskończoności. Niektóre z tych własności już omówiliśmy, obecnie zajmiemy się dalszymi.

## *11.14.2.1 OKREŚLENIE WYPUKŁOŚCI I PUNKTU PRZEGIĘCIA*

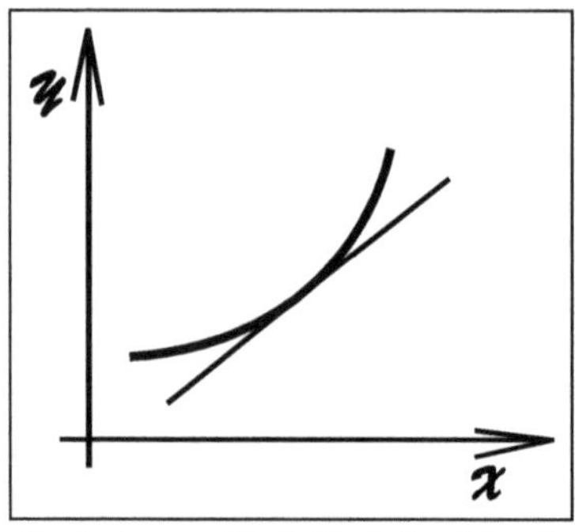

*Funkcja wypukła (wklęsła ku dołowi)*

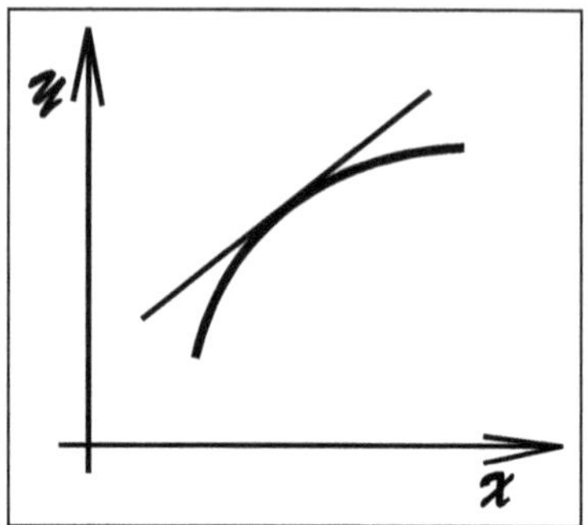

*Funkcja wklęsła (wypukła ku górze)*

**• Mówimy, że wykres funkcji y=f(x) jest wypukły, gdy w pewnym otoczeniu punktu styczności stycznej do wykresu tejże funkcji wszystkie punkty wykresu leżą powyżej tej stycznej.**

**• Mówimy, że wykres funkcji y=f(x) jest wklęsły, gdy w pewnym otoczeniu punktu styczności stycznej do wykresu tejże funkcji wszystkie punkty wykresu leżą poniżej tej stycznej.**

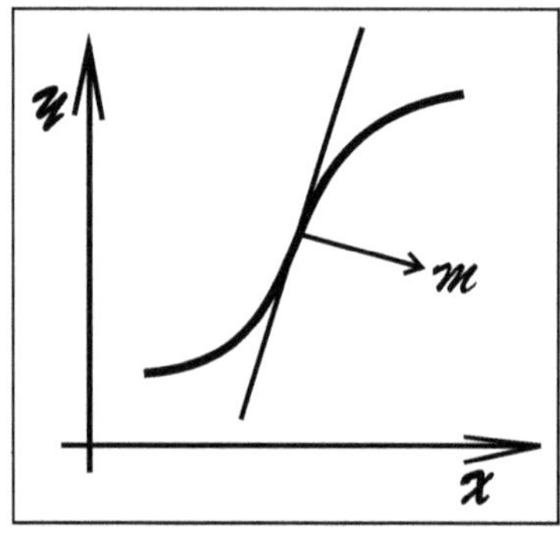


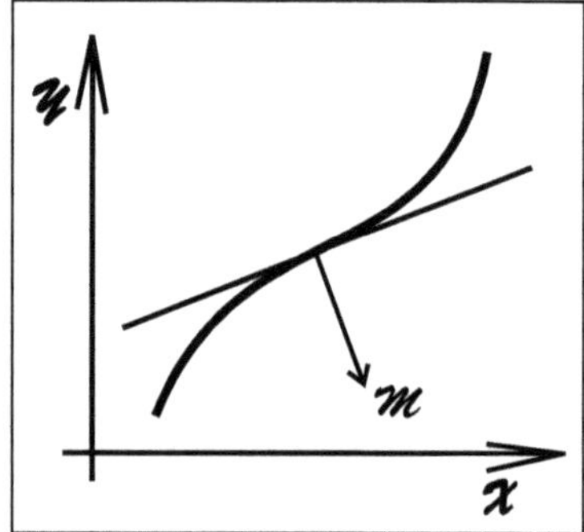


**• W przypadku, gdy w lewej połowie otoczenia punktu styczności stycznej z wykresem funkcji y=f(x) wszystkie punkty tego wykresu leżą nad styczną, a w prawej pod styczną lub w przypadku odwrotnym, punkt M nazywamy punktem przegięcia.**

### *11.14.2.2 ROZPOZNAWANIE KIERUNKU WYPUKŁOŚCI I PUNKTÓW PRZEGIĘCIA*

- **Jeżeli funkcja y=f(x) posiada w punkcie $x_0$ drugą pochodną ciągłą, to gdy:**

$f''(x_0) > 0$, **wtedy krzywa jest wypukła w punkcie** $x_0$,

$f''(x_0) < 0$, **wtedy krzywa jest wklęsła w punkcie** $x_0$,

**w punkcie przegięcia zachodzi** $f''(x_0) = 0 \wedge f'''(x_0) \neq 0$.

Jak widzimy wykres danej funkcji posiada punkty przegięcia w punktach ekstremalnych pierwszej pochodnej tej funkcji. To znaczy, że pochodna pochodnej, czyli druga pochodna funkcji, musi w punkcie przegięcia zmieniać swój znak, a to z kolei oznacza, że druga pochodna pierwszej pochodnej, czyli trzecia pochodna funkcji, musi być dodatnia (wtedy pierwsza pochodna funkcji posiada swoje minimum) lub ujemna (wtedy pierwsza pochodna funkcji posiada swoje maksimum), czyli ogólnie różna od zera.

**Przykład:**

Dla krzywej $y = \frac{1}{4}x^3 - 3x + 1$ mamy:

$$y' = \frac{3}{4}x^2 - 3 \quad \leftrightarrow \quad y'' = \frac{3}{2}x \quad \leftrightarrow \quad y''' = \frac{3}{2}$$
$$y' = 0 \Leftrightarrow \{x = -2 \vee x = 2\} \Leftrightarrow \{y'' < 0 \vee y'' > 0\}$$
$$y'' = 0 \Leftrightarrow x = 0 \rightarrow y''' \neq 0$$

Jak widać, w punkcie $x = -2$ funkcja posiada maksimum, w punkcie $x = 2$ minimum, a w punkcie $x = 0$ funkcja posiada punkt przegięcia. Oczywiście możemy wyznaczyć także współrzędne punktów ekstremalnych i punktu przegięcia podstawiając konkretne wartości zmiennej niezależnej do wzoru opisującego funkcję. O tym jednak później.

### *11.14.3 ASYMPTOTY WYKRESU FUNKCJI*

**Jeżeli poruszając się po jakiejś krzywej możemy oddalić się dowolnie daleko od początku układu współrzędnych i zauważymy, że przy nieograniczonym oddaleniu się od tego początku odległość tej krzywej od jakiejś prostej danej pewnym nieznanym równaniem dąży do zera, to prostą tą nazwiemy asymptotą tej krzywej.**

#### *11.14.3.1 ASYMPTOTY PIONOWE*

Niech będzie dana funkcja y=f(x) oraz prosta $x = x_0$. Zauważmy, że odległość punktu P(x,f(x)) na krzywej będącej wykresem funkcji y=f(x) od prostej $x = x_0$ wynosi $d = |x - x_0|$, a zatem $d \to 0$ wtedy i tylko wtedy, gdy $x \to x_0$. Punkt P(x,f(x)) krzywej oddala się do nieskończoności przy $x \to x_0$ wtedy i tylko wtedy, gdy $|f(x)| \to \infty$. W związku z tym prostą $x = x_0$ nazywamy asymptotą pionową krzywej y=f(x), jeżeli: $\lim\limits_{x \to x_0^+} |f(x)| = \infty \vee \lim\limits_{x \to x_0^-} |f(x)| = \infty$

#### *11.14.3.2 ASYMPTOTY POCHYŁE*

Niech będzie dana funkcja y=f(x) określona w przedziale nieskończonym oraz prosta y=mx+b.

Jak pamiętamy, odległość d punktu M(x,f(x)) na krzywej będącej wykresem funkcji y=f(x) od prostej y=mx+b jest określona wzorem:

$$d = \frac{|f(x) - mx - b|}{\sqrt{1 + m^2}}$$

Z określenia asymptoty wynika, że jeżeli prosta y=mx+b jest asymptotą wykresu funkcji y=f(x), to odległość d powinna zdążać do zera w przypadku, gdy x zdąża do nieskończoności. Zatem ponieważ mianownik naszego wzoru nie zależy od x, odległość d zdąża do zera, gdy licznik zdąża do zera, czyli:

$$\lim_{x \to \pm\infty} (f(x) - mx - b) = 0$$

Ale jeżeli zachodzi wzór powyższy, to tym bardziej zachodzi wzór:

$$\lim_{x\to\pm\infty}\frac{f(x)-mx-b}{x}=0 \Leftrightarrow \lim_{x\to\pm\infty}\left(\frac{f(x)}{x}-m-\frac{b}{x}\right)=0$$

Ponieważ $\lim_{x\to\pm\infty}\left(\frac{b}{x}\right)=0$, więc otrzymujemy:

$$\lim_{x\to\pm\infty}\left(\frac{f(x)}{x}-m\right)=0 \Leftrightarrow \lim_{x\to\pm\infty}\left(\frac{f(x)}{x}\right)=m$$

Natomiast $\lim_{x\to\pm\infty}(f(x)-mx-b)=0 \Leftrightarrow \lim_{x\to\pm\infty}(f(x)-mx)=b$

**Uwaga!**
Asymptot pochyłych może być co najwyżej dwie. Jedną z nich otrzymamy obliczając m i b ze wzorów podanych powyżej dla $x\to+\infty$, a drugą dla $x\to-\infty$. Naturalnie asymptoty te istnieją, gdy istnieją wyżej zapisane granice, z których wyliczamy współczynniki m i b.

## *11.14.4 PRZYKŁADY BADANIA FUNKCJI*

### *11.14.4.1 OGÓLNY SCHEMAT BADANIA KSZTAŁTU KRZYWEJ*

Podczas badania zwykle postępujemy według poniższego schematu:

***I. ANALIZA FUNKCJI.***
***1. Dziedzina funkcji.***
***2. Miejsca zerowe funkcji.***
***3. Punkty przecięcia wykresu z osią OY.***
***4. Parzystość, nieparzystość oraz periodyczność (okresowość) funkcji.***
***5. Asymptoty wykresu funkcji.***

***II. ANALIZA POCHODNEJ.***
***1. Ekstrema i przedziały monotoniczności.***
***2. Punkty przegięcia i kierunek wypukłości.***

***III. WYKONANIE TABELI GROMADZĄCEJ WSZYSTKIE DANE.***

***IV. WYKONANIE WYKRESU.***

### *11.14.4.2 TROSZECZKĘ PRAKTYKI*

Zbadać funkcję daną wzorem: $y=\frac{x^2}{(x+2)^2}$

***I. ANALIZA FUNKCJI:***

*1. Dziedzina funkcji:* $D=R\setminus\{-2\}$

*2. Miejsca zerowe funkcji:* $y=0\Leftrightarrow x=0$

*3. Punkty przecięcia wykresu z osią OY:* $x=0\Leftrightarrow y=0$

*4. Parzystość, nieparzystość oraz periodyczność funkcji: funkcja nie jest parzysta i nie jest nieparzysta, funkcja nie jest periodyczna.*

*5. Asymptoty wykresu funkcji:*

*A. Asymptoty pionowe:*

$\lim\limits_{x\to\pm(-2)}\frac{x^2}{(x+2)^2}=\infty$, *zatem prosta* $x=-2$ *jest asymptotą obustronną.*

*B. Asymptoty ukośne:*

$$m=\lim_{x\to\pm\infty}\left(\frac{f(x)}{x}\right)=\lim_{x\to\pm\infty}\frac{x}{(x+2)^2}=0$$

$$b=\lim_{x\to\pm\infty}(f(x)-mx)=\lim_{x\to\pm\infty}\frac{x^2}{(x+2)^2}=1$$

*zatem prosta* $y=1$ *jest asymptotą obustronną.*

***II. ANALIZA POCHODNEJ.***

*1. Ekstrema i przedziały monotoniczności:*

$$y'=\frac{2x(x+2)^2-2x^2(x+2)}{(x+2)^4}$$

$$y'=0\Leftrightarrow 2x(x+2)^2-2x^2(x+2)=0\Leftrightarrow 4x(x+2)=0\Leftrightarrow x=-2\vee x=0$$

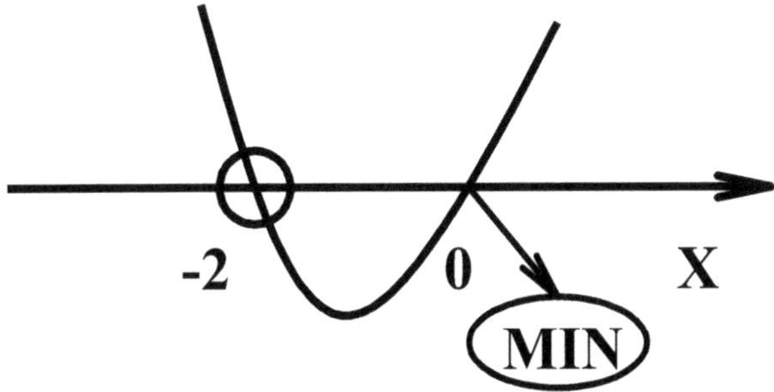


*Współrzędne punktu ekstremalnego:* $E(0,0)$

*2. Punkty przegięcia i kierunek wypukłości:*

$$y''=\frac{(8x+8)(x+2)^4-16x(x+2)(x+2)^3}{(x+2)^8}=\frac{-8x+8}{(x+2)^4}$$

$$y''=0 \Leftrightarrow -8x+8=0 \Leftrightarrow x=1$$

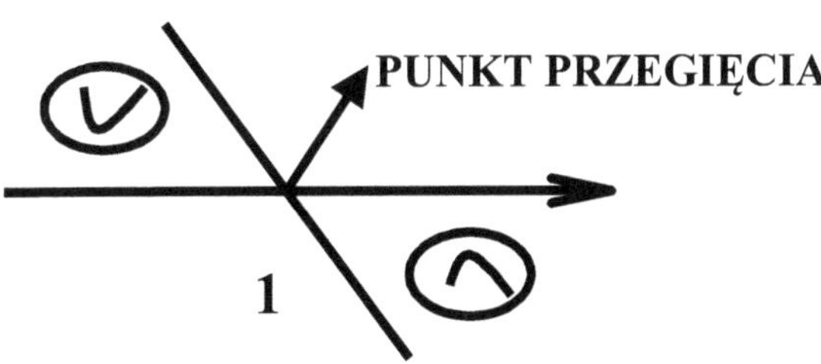


*Współrzędne punktu przegięcia:* $P\left(1,\frac{1}{9}\right)$.

### *III. WYKONANIE TABELI GROMADZĄCEJ WSZYSTKIE DANE.*

| *X* | $(-\infty,-2)$ | $-2$ | $(-2,0)$ | *0* | $(0,1)$ | *1* | $(1,\infty)$ |
|---|---|---|---|---|---|---|---|
| *f (x)* | ↗ | × | ↘ | *0* | ↗ | $\frac{1}{9}$ | ↗ |
| *f '(x)* | + | × | – | *0* | + | + | + |
| *f ''(x)* | + | × | + | + | + | *0* | – |

### *IV. WYKONANIE WYKRESU*

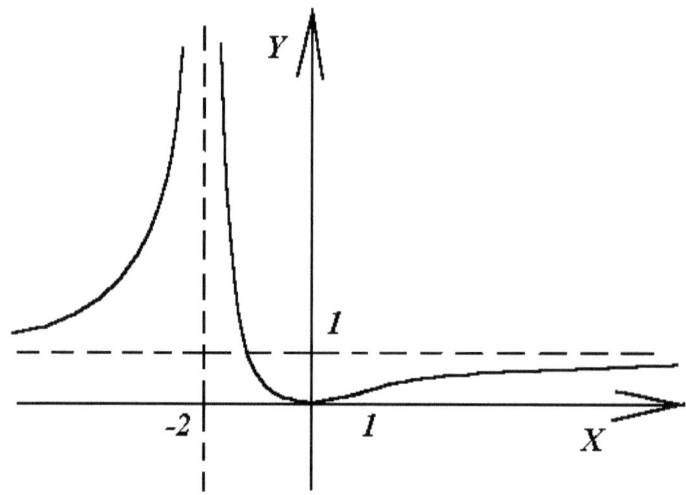


**Kończąc ten rozdział, podsumujmy:**

Pamiętajmy zatem zawsze o tym, do czego zmierzamy i co staramy się wyliczyć. W pierwszej części tego poradnika omówiliśmy podstawowe reguły, od których nie należy odstępować ani na krok, trzeba je widzieć, trzeba je znać i nigdy o nich nie zapominać. Przykładem niech służy powyższe badanie funkcji. Badając znak pochodnej nie zapominajmy, że w przypadku funkcji wymiernej zależy on zarówno od licznika tej funkcji, jak i od mianownika. Możemy łatwo uzależnić znak funkcji tylko od licznika pozostawiając mianownik podniesiony do potęgi parzystej, ale musimy pamiętać, że to, co robimy jest gdzieś ściśle powiązane z czymś innym i nie możemy np. mnożyć wyniku przez $(-1)$ tylko po to, aby sobie ułatwić pracę. Zauważmy, że nie mnożyliśmy przez $(-1)$ drugiej pochodnej funkcji podczas badania punktów przegięcia i kierunku wypukłości, mimo iż znacznie ułatwiłoby to dalsze obliczenia. Wydawałoby się, że nie ma też różnicy pomiędzy $-8x+8=0$ i $8x-8=0$. W przypadku szukania miejsc zerowych różnicy rzeczywiście nie ma, natomiast podczas badania znaku funkcji różnica jest przecież ogromna. Pamiętajmy więc, aby w natłoku cyfr i dobrych chęci nie czynić takich błędów. Niech podstawy zachowań matematycznych, przedstawione w części pierwszej poradnika, przyświecają nam na co dzień podczas czynności, które tylko pozornie je lekceważą swoją zawiłością.

### *11.14.5 ZADANIA DO SAMODZIELNEGO ROZWIĄZANIA*

**Zadanie 253**

Wyznacz ekstrema funkcji określonej wzorem $f(x) = x^3 - 2x^2 + x - 5$.

**Zadanie 254**

Zbadaj istnienie ekstremum funkcji $f(x) = 5x + \cos 4x$.

**Zadanie 255**

Wyznacz ekstrema lokalne oraz przedziały monotoniczności funkcji:

a. $f(x) = 2x^3 + 3x^2 - 12x + 1$,

b. $g(x) = \frac{x}{x^2 - 5x + 4}$,

c. $h(x) = (x - 1)^2 (x + 2)$,

d. $k(x) = x \ln x$,

e. $l(x) = e^{-x^2}$,

f. $m(x) = \frac{x^2}{x - 3}$.

**Zadanie 256**

Znajdź najmniejszą i największą wartość funkcji $f(x) = x^4 - 2x^2 + 5$ w przedziale $<-2;2>$.

**Zadanie 257**

Wyznacz punkty przegięcia oraz przedziały wklęsłości i wypukłości funkcji:

a. $f(x) = \frac{4x}{x^2+1}$, b. $g(x) = x^4 - 4x^3 + 4x^2$,

c. $h(x) = \frac{x^3}{3} - x^2 - 3x$, d. $k(x) = x^2 \ln x$,

e. $l(x) = e^{-x^2}$.

**Zadanie 258**

Zbadaj przebieg zmienności funkcji i narysuj jej wykres:

a. $f(x) = \frac{x^4}{4} - 2x^2$, b. $g(x) = \frac{x^2}{x-1}$,

c. $h(x) = \frac{e^x}{x}$, d. $l(x) = e^{-x^2}$,

e. $k(x) = 2x + \frac{6}{x} + 1$, f. $p(x) = \frac{x}{2} + \frac{2}{x}$.

**Zadanie 259**

Zbadaj przebieg zmienności funkcji:

a. $f(x) = \frac{1-3x^2}{x^2-1}$, b. $f(x) = \frac{2}{x+x^2}$,

c. $f(x) = \frac{3}{4-x^2}$, d. $f(x) = \frac{16-x^2}{x-1}$,

e. $f(x) = \frac{x^2+1}{2-x}$, f. $f(x) = e^{\frac{1}{1-x^2}}$,

g. $f(x) = \frac{x^2-3}{x-2}$, h. $f(x) = \frac{\ln x}{x^2}$,

i. $f(x) = \frac{1-x^2}{x+2}$, j. $f(x) = \frac{x}{\ln x}$,

k. $f(x) = \frac{1-x^2}{2x^2+1}$, l. $f(x) = e^{\frac{1}{x^2}}$, ł. $f(x) = \dfrac{1-x^2}{2x^2}$,

m. $f(x) = \dfrac{2-x^2}{x-3}$,

n. $f(x) = \dfrac{x^2}{1-x^2}$.

## Zadanie 260

Wyznacz asymptoty funkcji $f(x) = \dfrac{2x^3+1}{x^2-9}$.

NOTATKI

**POWODZENIA NA MATURZE I STUDIACH!!!**

# SPIS TREŚCI

# ROZWIĄZANIA DO ZADAŃ

[1] a. Tak, b. Nie.
[2] a. Tak, b. Nie, c. Nie.
[3] Wskazówka: Zastosuj metodę dowodu „nie wprost".
[4] Wskazówka: Koło i funkcja odwrotna do paraboli.
[5] Wskazówka: Rozpisz wartość bezwzględną.
[6] Wskazówka: Rozpisz wartość bezwzględną.
[7] 20,4 km
[8] Nie.
[9] 1 i 4, 2 i 3.
[10] Funkcja malejąca.
[11] Funkcja malejąca.
[12] $y = 0{,}2x + 0{,}4$; Nie, tylko dla $x \geq 0$
[13] b, d – funkcje parzyste, c – funkcja nieparzysta.
[14] D = 0, G = 1.
[15] Wskazówka: Skorzystaj z definicji funkcji trygonometrycznej.
[16] Wskazówka: Skorzystaj z definicji funkcji trygonometrycznej.
[17] Wskazówka: Skorzystaj z definicji funkcji trygonometrycznej.
[18] Wskazówka: Skorzystaj z definicji funkcji trygonometrycznej.
[19] Wskazówka: Skorzystaj z wykresu funkcji $y = \sin x$
[20] Wskazówka: Skorzystaj z wykresu funkcji $y = \sin x$
[21] Wskazówka: Skorzystaj z wykresu funkcji $y = \cos x$
[22] Wskazówka: Skorzystaj z wykresu funkcji $y = \cos x$
[23] Wskazówka: Skorzystaj z wykresu funkcji $y = \operatorname{tg} x$
[24] Wskazówka: Skorzystaj z wykresu funkcji $y = \operatorname{tg} x$
[25] $x \in \left(\frac{\pi}{2} + 2k\pi; \frac{3\pi}{2} + 2k\pi\right)$
[26] $\frac{2}{3}\pi$
[27] 4
[28] $4\sqrt{6} - 6\sqrt{2}$
[29] $\frac{\sqrt{3}}{3}$
[30] 0,5
[31] $-\operatorname{tg}\alpha$
[32] $\operatorname{tg}^2\alpha$
[33] $2\sin\left(\frac{\pi}{4} + \frac{x}{2}\right)\cos\left(\frac{\pi}{4} - \frac{x}{2}\right)$
[34] $2\cos\frac{x}{2}\left(\cos\frac{x}{2} - \sin\frac{x}{2}\right)$
[35] $x \in \langle -2; +\infty)$
[36] $\sin x = \frac{3\sqrt{10}}{10}$, $\cos x = -\frac{\sqrt{10}}{10}$

[37] Wskazówka: Rozpisz wartość bezwzględną.

[38] $x \in (-\infty;2) \cup (4;+\infty)$.

[39] Wskazówka: Ułóż nierówność liniową.

[40] 12

[41] $b > 1$

[42] $m \in \left(-\infty;-\sqrt{2}\right)$

[43] $m \in (-1/2; 1)$

[44] $y = -\frac{2}{3}x - 2$, $\frac{x}{-3} + \frac{y}{-2} = 1$

[45] $y = \frac{4}{3}x$

[46] $y = -x + 10$

[47] AB: $y = 3x - 4$

BC: $y = -\frac{3}{5}x + 6\frac{4}{5}$

AC: $y = -\frac{3}{2}x + \frac{1}{2}$

[48] AB: $y = 6x - 17$

BC: $y = -\frac{3}{8}x + \frac{17}{8}$

AC: $y = -\frac{9}{7}x - \frac{17}{7}$

B(3;1), C(-5;4)

[49] $\parallel$ : $a = -4 \vee a = 4$

$\perp$: $a \in \varnothing$

[50] $a = \frac{4}{3}$, $b = -1$

[51] $m = 2$

[52] $k = -1 \vee k = 0$

[53] $A' = \left(\frac{7}{3};\frac{11}{3}\right)$

[54] Wskazówka: Skorzystaj z twierdzenia Pitagorasa.

[55] Wskazówka: Podziel odcinek na 14 części.

[56] Wskazówka: Zaznacz na prostej odcinek i podziel go na dwie równe części.

[57] Wskazówka: Podziel odcinek na dwie równe części.

[58] $m \in (-\infty; -2) \cup (2; +\infty)$

[59] $m \in (-\infty; -1/3)$

[60] 7/8

[61] $k = 4$

[62] $p = -2{,}5 \vee p = 1{,}5$

[63] $a \in \left(-\frac{3}{2};-\frac{4}{3}\right)$

[64] $m \in (-1;3)$

[65] $a = -2 \vee a = 2$

[66] 14

[67] Wskazówka: Rozpatrz warianty funkcji kwadratowej i funkcję liniową.

[68] $f(m) = 0 \Leftrightarrow m \in (-\infty; 0)$

$f(m) = 2 \Leftrightarrow m \in (4; +\infty) \vee m = 0$

$f(m) = 3 \Leftrightarrow m = 4$

$f(m) = 4 \Leftrightarrow m \in (0; 4)$

[69] $m \in (-4; -1)$

[70] $k \in (5; +\infty)$

[71] $p^2 - 2q$

[72] $a = 1,\ b = -6,\ c = 10.$

[73] $a = -3,\ b = 6,\ c = 9$

[74] $m \in \langle 2\sqrt{15} - 6; 2)$

[75] Brak pierwiastków dla $m \in (-\infty; -3/2) \cup (3/2; +\infty)$

Jeden pierwiastek dla $m = -3/2 \vee m = 0 \vee m = 3/2$

Dwa pierwiastki dla $m \in (-3/2; 3/2) \setminus \{0\}$

[76] Brak pierwiastków dla $m \in (-6; 2)$

Jeden pierwiastek dla $m = -6 \vee m = 2 \vee m = 3$

Dwa pierwiastki dla $m \in (-\infty; -6) \cup (2; +\infty) \setminus \{3\}$

[77] $f(k) = 0 \Leftrightarrow k \in (-\infty; 0)$

$f(k) = 2 \Leftrightarrow k \in (6{,}25; +\infty) \vee k = 0$

$f(k) = 3 \Leftrightarrow k = 6{,}25$

$f(k) = 4 \Leftrightarrow k \in (0; 6{,}25)$

[78] $x \in \langle -2; 2 \rangle$

[79] (1;3), (3;1)

[80] Wskazówka: Okrąg i dwie półproste.

[81] Wskazówka: Płaszczyzna ograniczona parabolą i prosta.

[82] Wskazówka: Dwie półproste i obszary ograniczone czterema półprostymi.

[83] Wskazówka: Koło i prosta.

[84] Wskazówka: Obszary ograniczone okręgiem i prostą.

[85] Wskazówka: Obszary ograniczone okręgiem i dwiema prostymi.

[86] (1;5), (5;1), (2;3), (3;2)

[87] (-2;-3), (3;2)

[88] $m = -0{,}75$

[89] $(x - 1)^2 + (y - 1)^2 = 117$

[90] $\left\{ (x; y) \in R^2 : x \in R \wedge y = \dfrac{x^2 - 6x + 34}{10} \right\}$

[91] $y = -2x - 6,\ y = -2x + 4$

[92] $\left\{ (x; y) \in R^2 : x \in \left\langle \frac{1}{3}; 3 \right\rangle \wedge \left( y = +\sqrt{-x^2 + \frac{10}{3}x - 1} \vee y = -\sqrt{-x^2 + \frac{10}{3}x - 1} \right) \right\}$

[93] Wskazówka: Znajdź środek i promień okręgu.

[94] $y = 3x$

[95] $(-3\sqrt{2}; 9),\ (3\sqrt{2}; 9).$

[96] 32.

[97] Wskazówka: Poprowadź prostą równoległą do danych i równoodległą od nich.

[98] a. $W(x) = (x - 1)(x + 1)(x - 2)(x - 0{,}5)$

b. $P(y) = 2(y-2)(y+2)^2$

99 a. $x_1 = x_2 = -1$;

b. $x_1 = -1,\ x_2 = 2,\ x_3 = -3$;

c. $x_1 = -3,\ x_2 = 2$;

d. Brak rozwiązań.

100 a. $x \in (2;3)$

b. $x \in (-\infty;-2) \cup (-\sqrt{3};-1) \cup (\sqrt{3};+\infty)$

c. $x \in (-\infty;-2\rangle \cup \langle -1;2\rangle$

d $x \in \langle 1;+\infty) \cup \{-1\}$

101 $a = 3/2 \wedge b = -1$

102 $m = -1 \vee m = 0$

103 $k > 9$

104 {-1; 0; 1; 8; 9; 10; 11; 12; ...}

105 $x = -1 \vee x = 0{,}5$

106 $x = 0$

107 $x = 1 - \sqrt{10} \vee x = 1 + \sqrt{10}$

108 $x \in (-3;-2\rangle \cup (0;2\rangle$

109 $x \in (-1;0) \cup (1{,}5;+\infty)$

110 $x \in \left(-1;\frac{1}{3}\right)$

111 $x \in (-2;0)$

112 ½

113 Wskazówka: $a_{n+1} - a_n = \dots$ .

114 Wskazówka: $a_{n+1} - a_n = \dots$ .

115 Wskazówka: $a_{n+1} - a_n = \dots$ .

116 Wskazówka: $a_{n+1} - a_n = \dots$ .

117 Wskazówka: $a_{n+1} - a_n = \dots$ .

118 Wskazówka: $a_{n+1} - a_n = \dots$ .

119 $a_n, b_n$

120 Wskazówka: Skorzystaj z własności dla trzech kolejnych wyrazów ciągu arytmetycznego.

121 $x = 0{,}5$

122 $a_1 = 3$

123 4, 4, 4

124 $S = 32$

125 $a_1 = 32,\ q = \frac{1}{3}$

126 $x \in (-0{,}5;0{,}5)$

127 $x \in (0;1) \cup (2;3)$

128 Nie

129 0,5

130 0

131 $\frac{4}{3}$

132 Wskazówka: Skorzystaj z własności działań na potęgach.

133 Wskazówka: Skorzystaj z własności działań na potęgach.

[134] Wskazówka: Doprowadź wyrażenie $7^n - 1$ do postaci iloczynowej o jednym z czynników równym 3.
[135] Wskazówka: Skorzystaj z własności silni.
[136] 3360 możliwości
[137] Trzy króle – 6849216, dwa asy i dwie damy - 4887036
[138] 6840 możliwości
[139] 4096 możliwości
[140] P=15/28
[141] P=0,25
[142] P(B)=0.8
[143] Wskazówka: Skorzystaj z własności prawdopodobieństwa
[144] x=0,(3)
[145] Średnia – 1,5, odchylenie – 0,93, moda – 0,5, mediana - 1
[146] x=-3, x=2
[147] x=7
[148] Wskazówka: Skorzystaj z cech przystawania trójkątów.
[149] Wskazówka: Skorzystaj z własności kątów w trójkącie równoramiennym.
[150] 10, 14
[151] $\frac{\sqrt{3}}{3}h^2$
[152] $a = 5, c = 13$
[153] Tak
[154] $|A'B'| = \frac{2}{3}|AB|$
[155] 24
[156] 27,7cm; 37cm
[157] 33, 44, 55
[158] $2b^2$
[159] $q \in \left(0; \frac{\sqrt{5}+1}{2}\right)$
[160] $P = m \cdot n \cdot \sin\alpha$
[161] $P = \frac{a^2(m^2+n^2)}{(m+n)^2}$
[162] 2
[163] $P = 8r^2$
[164] $2\sqrt{3}\pi$
[165] 21%
[166] $s^2$
[167] 0,25m
[168] 12, 24, 28
[169] Drugi bok: $c = \frac{b^2}{a}$
[170] $2\sqrt{3}b^2$
[171] $x = \frac{\pi}{6} + k\pi \vee x = \frac{5\pi}{6} + k\pi$

172 $x=\frac{\pi}{2}+2k\pi \lor x=2k\pi$

173 Wskazówka: Skorzystaj z wykresów funkcji $y=\sin x$ i $y=x$

174 $x=\frac{\pi}{2}+k\pi \lor x=\frac{\pi}{6}+2k\pi \lor x=\frac{5\pi}{6}+2k\pi$

175 $x=\frac{\pi}{12}+k\pi$

176 $x=\frac{\pi}{4}+k\pi \lor x=-\frac{\pi}{4}+k\pi$

177 $\alpha\in\left(0;\frac{2\pi}{3}\right)\cup\left(\frac{4\pi}{3};2\pi\right)\setminus\left\{\frac{5\pi}{3}\right\}$

178 Wskazówka: Szacuj największą wartość lewej strony równania.

179 $x\in\left\langle\frac{2\pi}{3};\frac{4\pi}{3}\right\rangle$

180 Wskazówka: Podstaw $\operatorname{tg}x=\frac{\sin x}{\cos x}$, $\operatorname{ctg}x=\frac{\cos x}{\sin x}$

181 $\langle-2;2\rangle$, $\langle-1;1\rangle$

182 Wskazówka: Podstaw $\operatorname{tg}x=\frac{\sin x}{\cos x}$, $\operatorname{ctg}x=\frac{\cos x}{\sin x}$

183 Wskazówka: Zastosuj wzory na funkcje trygonometryczne sum i różnic kątów.

184 Wskazówka: Ułóż układ równań.

185 Nie

186 Tak

187 6

188 $\frac{a^3\sqrt{2}}{12}$

189 $\frac{2\sqrt[3]{V}}{\sqrt[6]{3}}$

190 $V=\frac{2}{3}m^3\cos^2\alpha\sin\alpha$

191 $V=\sqrt{3}R^2\operatorname{ctg}\frac{\alpha}{2}$

192 $V=\frac{4\pi S^2}{3b}$

193 $V=\frac{\pi S^2\operatorname{tg}\alpha}{3\sqrt{S\operatorname{tg}\alpha}}$

194 $V=\frac{\pi R^2\operatorname{tg}^2\alpha\operatorname{tg}^2\frac{\alpha}{2}(x+R)}{3(\operatorname{tg}\alpha-\operatorname{tg}\frac{\alpha}{2})^2}$

195 $V=\sqrt{3}$

196 2 : 1

197 $V=\frac{\pi d^3 \operatorname{tg}\alpha}{12}$, $P=\frac{\pi d^2}{2\cos\alpha}$

198 $\frac{1}{8}V$

199 $\sqrt{6}:3$

200 $\frac{2\sqrt[3]{18}r}{3}$

201 $\left(\frac{ah}{a+h}\right)^3$

202 $\frac{\sqrt{15}\pi R^3}{192}$

203 3

204 –2

205 a.-0,5; b.-0,5

206 a: 12, b: 2, c: 0 i 2

207 $-\infty$

208 a. Funkcja ciągła dla $x\in R-\{0\}$
b. Funkcja ciągła dla $x\in R$
c. Funkcja ciągła dla $x\in R-\{3\}$

209 Funkcja ciągła

210 Funkcja ciągła

211 Funkcja ciągła dla $x\in R-\{0\}$

212 Funkcja ciągła dla $x\in R-\{0\}$

213 $m=0$

214 $a=3$

215 $a=-2$

216 Wskazówka: Zastosuj symetrię osiową, przesunięcie o wektor i wartość bezwzględną.

217 Wskazówka: Zastosuj symetrię osiową i przesunięcie o wektor.

218 $x=14$

219 $x=3$

220 $x=1 \vee x=2$

221 $x\in\left(\frac{5}{3};+\infty\right)$

222 $x\in\left(1;\frac{5}{3}\right\rangle$

223 $x\in(-\infty;0)\cup(16;+\infty)$

224 $x\geq -1$

225 $x\in(-1/2;0)$

226 $x\in(2/3;5/4)$

227 $x\in(3;5\rangle$

228 $x\in\left(-\frac{\pi}{2}+k\pi;\frac{\pi}{3}+k\pi\right)$

229 $x\in(-\infty;0)\cup(5;+\infty)$

230 $m \in (72;+\infty)$

231 $x \in \left(-\sqrt{2};\sqrt{2}\right)-\{-1;0;1\}$

232 $\frac{a}{3},-\frac{a}{4}$

233 $x=1$

234 $x \in \left(0{,}125;2\right\rangle$

235 $x \in \left(\frac{3}{2};12\right)$

236 Nie

237 x = -11 $\vee$ x = 1

238 $x \in \left(0;\frac{1}{3}\right)\cup\left(\frac{1}{2};\frac{2}{3}\right)$

239 $x \in \left\langle 2;+\infty\right)$

240 $x \in \left(0;\frac{1}{27}\right\rangle\cup\left\langle\frac{1}{3};+\infty\right)$

241 Brak pierwiastków dla $a \in (0;\ \frac{1}{16})$

Jeden pierwiastek dla $a = \frac{1}{16}$

Dwa pierwiastki dla $a \in (\frac{1}{16};+\infty)$

242 $k=12, x=-3$

243 Nie

244 4x; $-\frac{1}{x}$; $\frac{1}{2\sqrt{x}}$

245 $2x\cos 7x - 7x^2\sin 7x - 3x^2$

246 a. $f'(x)=\frac{-3}{(x-2)^2}$

b. $f'(x)=\frac{6\sin 2x}{\cos^2 2x}$

c. $f'(x)=\ln(1+x^2)+\frac{2x^2}{1+x^2}$

d. $f'(x)=4x\sin^2 x+2x^2\sin 2x$

e. $f'(x)=e^{\sin x}(1+x\cos x)$

f. $f'(x)=\frac{(x^2-1)\sqrt{x}}{2x^2\sqrt{1+x^2}}$

g. $f'(x)=\frac{7}{2\sqrt{7x+2}}+\frac{6}{\sqrt[4]{8x+4}}$

247 a. $f'(x) = 28x^3 - 15x^2 + 2x$

$f''(x) = 84x^2 - 30x$

$f'''(x) = 168x - 30$

b. $g'(x) = x^3\ln x$

g''(x) = 3x$^2$lnx + x$^2$
g'''(x) = 6lnx + 11
c. h'(x) = 3sin$^2$xcosx
h''(x) = 6sinxcos$^2$x – 3sin$^3$x
h'''(x) = 6cos$^3$x – 21sin$^2$xcosx

248 $x = \frac{\pi}{4} + \frac{k\pi}{4}$

249 $x \in R$

250 Tak

251 $\frac{-\sqrt[3]{4}}{3}$

252 $(f \circ g)' = 4x$

$(g \circ f)' = 8x + 4$

253 $f_{\max}\left(\frac{1}{3}\right) = -4\frac{23}{27}$

$f_{\min}(1) = -5$

254 Brak

255 a. Ekstrema - brak, $f \uparrow \Leftrightarrow x \in R$

b. $g_{\max}(2) = -1$, $g_{\min}(-2) = -\frac{1}{9}$

$g \uparrow \Leftrightarrow x \in (-2;2) \setminus \{1\}$, $g \downarrow \Leftrightarrow x \in (-\infty;-2) \cup (2;+\infty) \setminus \{4\}$

c. $h_{\max}(-1) = 4$, $h_{\min}(1) = 0$

$h \downarrow \Leftrightarrow x \in (-1;1)$, $h \uparrow \Leftrightarrow x \in (-\infty;-1) \cup (1;+\infty)$

d. $k_{\min}\left(\frac{1}{e}\right) = -\frac{1}{e}$

$k \uparrow \Leftrightarrow x \in \left(\frac{1}{e};+\infty\right)$, $k \downarrow \Leftrightarrow x \in \left(0;\frac{1}{e}\right)$

e. $l_{\max}(0) = 1$

$l \uparrow \Leftrightarrow x \in (-\infty;0)$, $l \downarrow \Leftrightarrow x \in (0;+\infty)$

f. $m_{\max}(0) = 0$, $m_{\min}(6) = 12$

$m \downarrow \Leftrightarrow x \in (0;6) \setminus \{3\}$, $m \uparrow \Leftrightarrow x \in (-\infty;0) \cup (6;+\infty)$

256 M = 13, m = 4

257 a. $f_{pp}(0) = 0$, $f_{pp}(-1) = -2$, $f_{pp}(3) = \frac{6}{5}$

$f \cup \Leftrightarrow x \in (-1;0) \cup (3;+\infty)$, $f \cap \Leftrightarrow x \in (-\infty;-1) \cup (0;3)$

b. $g_{pp}\left(\frac{3-\sqrt{3}}{3}\right) = \frac{4}{9}$, $g_{pp}\left(\frac{3+\sqrt{3}}{3}\right) = \frac{4}{9}$

$g \cup \Leftrightarrow x \in \left(-\infty;\frac{3-\sqrt{3}}{3}\right) \cup \left(\frac{3+\sqrt{3}}{3};+\infty\right)$

$$g\cap \Leftrightarrow x\in\left(\frac{3-\sqrt{3}}{3};\frac{3+\sqrt{3}}{3}\right)$$

c. $h_{pp_i}(1)=-3\frac{2}{3}$

$$h\cup \Leftrightarrow x\in(1;+\infty),\ h\cap \Leftrightarrow x\in(-\infty;1)$$

d. $k_{pp}\left(e^{-\frac{3}{2}}\right)=-\frac{3}{2}e^{-3}$

$$k\cup \Leftrightarrow x\in\left(e^{-\frac{3}{2}};+\infty\right),\ k\cap \Leftrightarrow x\in\left(0;e^{-\frac{3}{2}}\right)$$

e. $l_{pp}\left(-\frac{\sqrt{2}}{2}\right)=e^{-\frac{1}{2}},\ l_{pp}\left(\frac{\sqrt{2}}{2}\right)=e^{-\frac{1}{2}}$

$$l\cup \Leftrightarrow x\in\left(-\infty;-\frac{\sqrt{2}}{2}\right)\cup\left(\frac{\sqrt{2}}{2};+\infty\right)$$

$$l\cap \Leftrightarrow x\in\left(-\frac{\sqrt{2}}{2};\frac{\sqrt{2}}{2}\right)$$

[258] Wskazówka: Przebieg zmienności funkcji to: dziedzina, granice w końcach dziedziny i asymptoty, miejsca zerowe, monotoniczność i ekstrema, wklęsłość, wypukłość i punkty przegięcia.

[259] Wskazówka: Przebieg zmienności funkcji to: dziedzina, granice w końcach dziedziny i asymptoty, miejsca zerowe, monotoniczność i ekstrema, wklęsłość, wypukłość i punkty przegięcia.

[260] Wskazówka: Wyznacz najpierw dziedzinę funkcji (do asymptot pionowych), następnie sprawdź istnienie asymptoty ukośnej.

Printed by Books on Demand GmbH, Norderstedt / Germany